纺织服装“十三五”部委级规划教材

童装设计

——系列产品设计企划

姚律　袁贞　编著

東華大學出版社·上海

内容简介

随着童装行业的快速发展，童装品牌对设计企划质量的提升也愈加关注，优秀的童装设计企划可以增强童装产品的核心竞争力，满足消费者个性化、多元化的消费需求。本书的主要内容是帮助初学者在了解童装设计企划基本模块的基础上，掌握获取企划信息的多种方式，以及童装设计企划的具体方法与步骤，最终形成稳定的童装产品设计的艺术风格，能够在当下眼球经济时代下，提升童装的视觉冲击与精神感染力。

本书主要面向服装设计与工艺的中职学生，根据中职生的实际学习能力，在总结近年来校企合作成果的基础上，编者将本书共分六个项目，项目一介绍了童装设计企划的基本内容，项目二至项目六分别介绍了童装设计企划制作的基本过程。通过对本书项目教学内容的学习，学生能够了解童装企划的基本方法和表现技巧，能够整合多方面的设计企划要素，运用不同的服装设计手法，进行童装的整体造型和系列拓展设计。

由于编者水平有限，书中错误与疏漏之处在所难免，恳请读者批评指正。

图书在版编目（CIP）数据

童装设计：系列产品设计企划 / 姚律，袁贞编著
. — 上海：东华大学出版社，2020.9
ISBN 978-7-5669-1783-6

Ⅰ. ①童… Ⅱ. ①姚… ②袁… Ⅲ. ①童服—服装设计 Ⅳ. ①TS941.716

中国版本图书馆CIP数据核字(2020)第167248号

童装设计
——系列产品设计企划
TONG ZHUANG SHE JI

编　　著：姚　律　袁　贞
出　　版：东华大学出版社（上海市延安西路1882号，200051）
网　　址：http：//dhupress.dhu.edu.cn
天猫旗舰店：http：//dhdx.tmall.com
营销中心：021-62193056　62373056　62379558
印　　刷：上海颛辉印刷厂有限公司
开　　本：889 mm × 1194 mm　1/16　印张：5
字　　数：150千字
版　　次：2020年9月第1版
印　　次：2020年9月第1次印刷
书　　号：ISBN 978-7-5669-1783-6
定　　价：38.00元

目录

项目一

童装设计企划概述

项目介绍

近年来国内外童装产业竞争日趋激烈，童装产业逐渐进入了专业化的品牌运作阶段，这要求童装设计要以系统、规范的设计企划引领即将进行的设计任务，需要学生掌握童装设计企划的相关概念以及企划方案形成过程和具体方法，本项目主要从设计企划的概念和企划方案形成的具体方法这两方面着手帮助学生打开走进童装设计企划的大门。

任务一：童装设计企划初探

任务二：了解童装设计企划方案的形成过程

项目一：童装设计企划概述

项目实施

任务一 ┆ 童装设计企划初探

1. 任务目标

通过对童装设计企划的产生过程和概念认知，了解童装企业中设计企划存在的必要性与重要性。

2. 任务完成方法和评价方法

（1）分组：一组2人。

（2）任务内容：以现有的知识和经验讨论对童装设计企划的了解。

（3）任务评价：综合提炼出对童装设计企划的主观认知，将讨论结果制作成表格，分组讲解。

想一想　什么是童装设计企划

以你目前所接触和了解到的相关方面的信息，想一想什么才是童装设计企划？童装设计企划存在的意义是什么？

带着疑问你可以通过查阅相关书籍或者浏览相关网站，对这两个问题进行一一解读。

1. 童装设计企划解读

由于“童装设计企划”是个复合形式的名词，“童装”一词通过字面意思便可以理解，是处于儿童阶段所穿着的所有服装的总称。对于“设计企划”的理解是弄懂这个复合名词的关键。“设计”是指创造活动进行之前预先的计划，是一种有目的、有计划的创造行为。“企划”是指规划计划，主要起着统领活动全局的作用。综合两者的含义可以将“设计企划”理解为一种系统的思考方式与操作规范，这将贯彻并引领设计、生产、营销的全过程。

2. 童装设计企划存在的意义

凡事预则立，不预则废。童装设计企划是品牌发展的基石，是品牌创新的灵魂，设计企划依据童装企业的战略发展方向，有目的、有计划地进行资源整合并进行优化配置，才能充分发挥一切跟企划目标有关的人力、物力、财力、社会及信息资源的积极因素，使其形成合力以优化童装的品牌价值。

学一学　童装设计企划的具体内容

一份完整的童装设计企划由看板、款式结构、款式廓型和图案设计四部分组成，如图1-1至图1-4所示。这四部分以总分的结构组成，看板是其后三部分关键信息的汇总和引领，款式结构、款式廓型、图案设计分别是对看板的细化和补充，起着丰富和具体化看板的作用。

图1–1　看板

1. 看板

看板是童装设计企划的开篇，通常需在同一页面同时展示出以下内容：①主题名称、②主题说明、③款式风格、④色彩预测、⑤设计要点。其中在主题名称部分需交代这一企划的主题名称，通常由一个或几个词组成，形式上要精简，内涵上要直指设计主题的核心。如图1–1中看板右上角的主题名称是“华美律动”；主题说明部分是具体描述设计企划主题所想要呈现的最终设计效果，通常由简短的几句话组成；款式风格部分是列出款式的整体风格走向；色彩预测部分是界定这一主题中所需用到的主要色块；设计要点部分是具体描述设计企划中一些需要着重说明的设计要点，比如在此系列款式中的细节表现和色彩搭配表现。

09 KIDS F/W 巴布狗

09华美律动系列

开发款式比例

081021

上下装配比　3:1

类别＼款式		针织											编织					梭织													配饰					
		开衫	套衫	长袖恤	套装	长裤	背心裙						开衫	低领套衫	高领套衫	背心		长袖衬衫	背心	外套	毛披肩	铺棉风衣	棉衣	羽绒服（中长）	长裤	牛仔裤	半腰裙	夹裤（牛仔\涤料）			帽子	围巾	手套			
女童32款	秋21	1	1	2	1	1	1					8	1	3	2		6	1		2					2	2	1			18	2	2	1	1		
	冬11			1															1		1	2	3	1				2								
男童24款	秋17		1	1	1	1						6	1	2	1		4	2	1	2					3	1				14	1	1				
	冬7	1	1																				3	1				1								

● 女童占系列比：57%　　女童秋装占女童款比：65.6%

男童占系列比：43%　　男童秋装占男童款比：70.8%

09 F/W

图1–2　款式结构

图1-3　款式廓型

2. 款式结构

童装设计企划中的款式结构主要指的是此设计主题中需要开发的男女童不同品类下不同款式所需的设计数量，从图1-2例子中可以看出一般童装企划中主要的四大品类分别是针织、编织、机织以及配饰，不同品类下不同童装款式的数量设定是进行下一步的款式廓型设计和图案设计的关键前提。

3. 款式廓型

款式廓型是整合看板中的各项内容以及款式结构中的各个品类下款式的具体数量要求，是分别进行款式设计的核心步骤，也是最考验设计师创新设计功底的一环，款式设计的成功与否将决定整个设计企划质量的高低，最终也就会影响这一设计成品的市场接受度，所以在进行具体设计任务时需要从全局出发，多视角思考，在实际的款式中体现出这一主题区别于其他设计主题的创新思维。

完成款式廓型的设计后需要对其中需要图案装饰的款式进行与主题契合的图案设计，图案设计是体现企划主题的重要设计语言和表现手法。童装设计企划中的图案设计页面主要由四部分组成：①图案说明、②图案工艺、③图案纹样设计、④色彩运用，见图1-4。

图案设计

其中在图案说明和图案工艺中主要是对图案的风格和工艺细节进行解释，比如“华美律动”这一设计企划中的图案说明“时尚、运动、体操、舞蹈”是对图案的设计和选择提出的具体风格要求；“银箔、印花、贴标、绣花、亮片”是对图案工艺的详细要求，这些需在具体的图案纹样设计这一部分体现出来；同时图案纹样设计中也要将从流行资讯提取出来的色彩运用在其中。

找一找

通过网络、书刊以及企业的内部资料找一找童装设计企划的真实案例，对应之前环节的学习内容进一步深化理解。

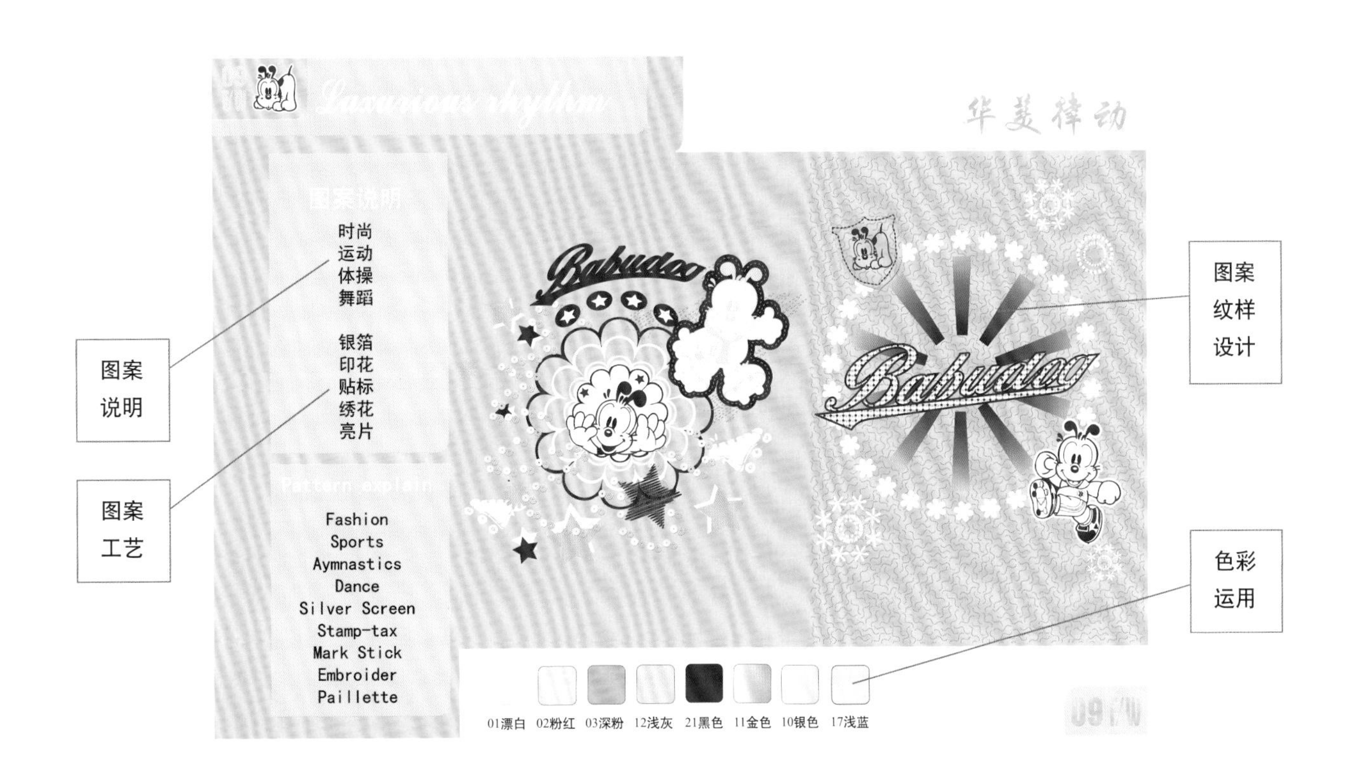

图1-4　图案

任务二 了解童装设计企划方案的形成过程

1. 任务目标

通过任务一的完成，学生已初步了解到童装设计企划的具体内容以及完整的设计企划形态，接下来便是学习如何形成一份完整意义上的童装设计企划，掌握制作童装设计企划的方法。

2. 任务完成方法和评价方法

（1）分组：一组4~5人。

（2）任务内容：按照任务一所学的内容对已搜集到的童装设计企划内容进行再次理解确认，主要分析思考童装企划的每一部分是如何形成的？以及各个部分是如何相互联系从而构成一个完整的设计企划？

（3）任务评价：将思考分析结果制作成简单的思维导图，分组讲解。

理一理 童装设计企划的形成

整体来讲，一份具有较高利用价值的童装设计企划通常由前期的信息准备和后期的设计操作两部分共同组成，前期的信息准备部分又由信息搜集和信息处理这两个阶段组成，信息搜集和信息处理的完备与否决定着后期设计操作部分所形成的设计企划的精确度。

后期的设计操作就是将前期的信息处理结果通过看板或贴图的方式体现出来，前文里童装设计企划具体内容中的：看板、款式结构、款式廓型和图案设计就是表达设计内容的一种形式，如图1-5所示。

1. 信息准备

前期的信息准备部分可总结出童装设计企划的灵感源和童装三要素，其中包含有关当下和未来的关键设计信息。按照童装行业的习惯可将关键设计信息收集这一阶段分为童装行业信息收集和非童装行业信息收集这两方面。前者主要包括童装色彩、款式、面料三要素的当下和未来趋势；后者主要指的是与童装行业相关的其他领域，比如当下时兴的社会人文思潮、设计艺术界的最新走向甚至还包括当下的经济、社会心理以及自然环境的新议题等其

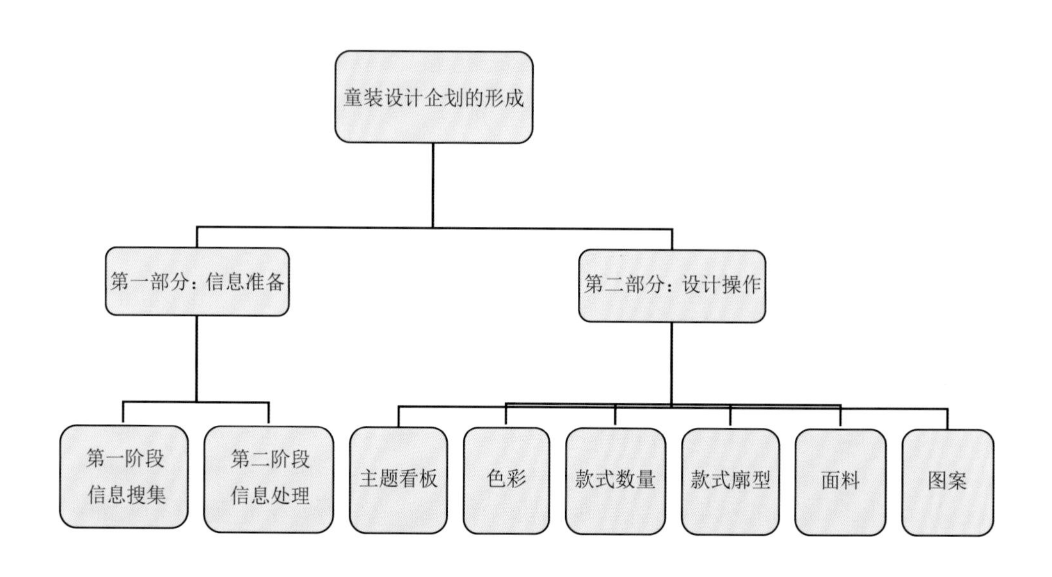

图1-5 童装设计企划的形式

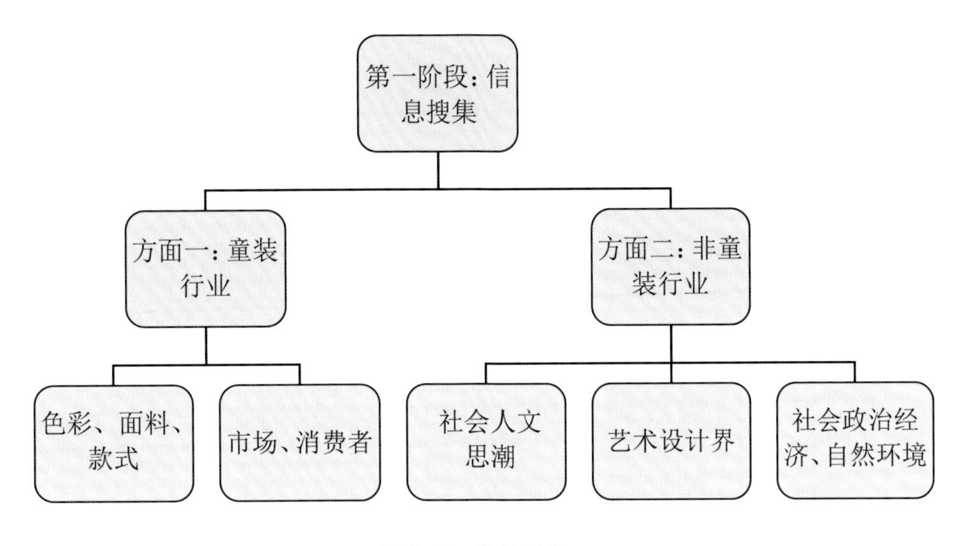

图1-6　信息搜集

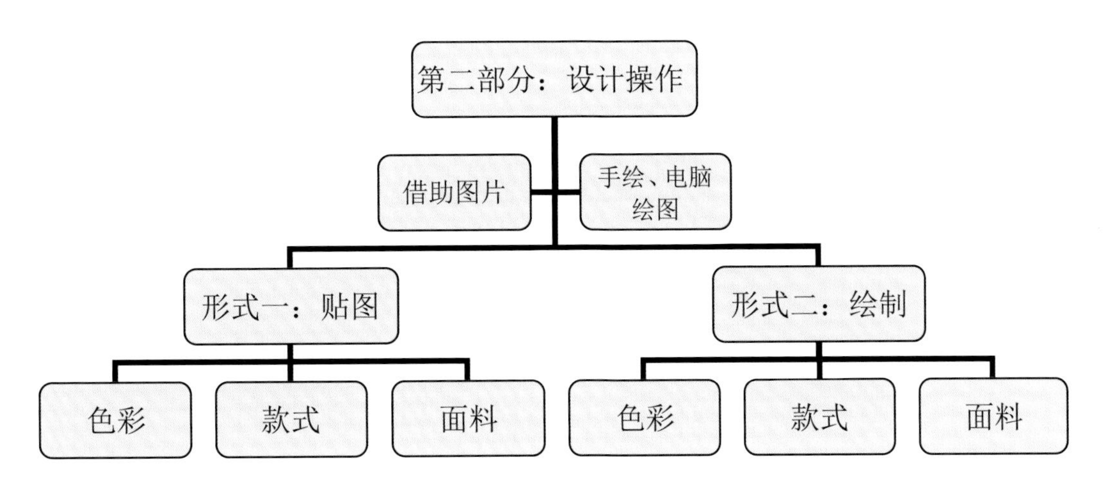

图1-7　设计操作

他领域，如图1-6所示。第一部分的信息准备可以说是全方位、多视角的信息大融合，接下来的信息处理是根据实际情况筛选出具体的设计信息。只有这样才能精准捕捉到童装企划所需的信息要素进而提炼出童装设计所需要的关键点。

当搜集完备童装企划所需的行业信息和非行业信息后，第二步是对这些信息进行分类处理，这需要设计师考虑本企业的童装产品市场定位、童装消费者的消费需求和自身的设计水平，同时对前一阶段所得到的信息进行重组得到具有创意性的设计理念，这样第一部分的信息准备工作结果才能最终得以实际运用。

2. 设计操作

第二部分的设计操作就是在对第一部分搜集信息进行解构重组的基础上分别从童装的三要素：色彩、款式、面料三方面进行新的匹配产生新的设计方案，设计操作部分通常可通过贴图和绘制的方式表现出来，如图1-7所示。所谓贴图指的是运用所搜集到的相关图片表达设计主题的方式。而绘制指的是运用手绘或者电脑绘图的方式将所想要表现的设计内容直接绘制出来，这一方式虽然考验着设计师的设计表达能力，但是更能体现作品的原创力。

试一试

在对童装设计企划完整形成过程学习的基础上，选取一个你喜欢的童装品牌，尝试为这一品牌做一简单的设计企划。

项目达标记录

	优秀	良好	合格	需努力	自评	组评
任务一	5分	4分	3分	2分		
任务二	5分	4分	3分	2分		
总　分						

项目总结

	过程总结	活动反思
任务一		
任务二		

项目二

童装流行趋势解读

项目介绍

童装设计企划中的流行趋势是对影响企划形成的关键因素，是童装设计企划的基因，没有适当体现流行趋势的童装设计企划会变得千篇一律、乏善可陈，尤其在消费升级后童装产业竞争呈现出日新月异的形势下，无视流行趋势的童装企业将无从立足。所以了解什么是流行趋势，流行趋势主要由哪几方面提炼而成，以及如何在童装产品设计中把握住流行资讯并应用在设计中尤为必要。为更好解决上述问题，本项目中需要完成的任务具体如下：

任务一：了解流行资讯的内涵

任务二：掌握流行资讯的收集方法

任务三：掌握整理流行资讯的方法

项目二：童装流行趋势解读

项目实施

任务一 了解流行资讯的内涵

1. 任务目标

探索流行资讯的概念界定，明确这一概念所包含的具体内容。

2. 任务完成方法与评价方法

（1）分组：一组2人。

（2）任务内容：主动探索流行资讯的来源，然后归纳总结出你获得流行资讯的几个途径。

（3）任务评价：将调查结果制作成表格，分组讲解，小组之间对不足之处提出补充意见。

查一查 对流行资讯的理解

同一个概念，从不同的视角审视会有不同的理解，你可以从多种渠道搜集有关流行趋势的各种概念，无论是书籍上用专业术语描述的，还是大众语境下通俗易懂的都可以成为你寻找的目标，找到它们并分类记录下来。

理一理 流行资讯概念解析

对来自不同视角的“流行资讯”的多种理解进行分类后，你会发现在童装行业中“流行”概念主要指的是一种由权威或具有影响力的组织倡导并在当下广为童装购买者所采纳的信息。除此以外，“流行”作为一种社会现象，它还有兴衰起落和循环往复的规律性，这就启发我们在寻找信息时不仅要“看清脚下”和“抬头看”来把握当下和未来的流行信息，还有必要“回头看”，这样才能运用流行的演变规律推测未来。

童装设计语境中的流行资讯指的是引领童装流行趋势的信息资料，是童装企业产品设计开发的风向标。其内容来自不同领域、不同方面，但主要来自两大部分：一部分是流行的社会思潮和艺术设计界的新思想以及社会经济、政治新动态和自然环境的新变化；另一部分指的是从童装行业内部所分析调查出来的相关信息，比如最新流行的童装色彩、款式、面料以及图案这些内容。另外，完备的童装设计企划还包括最新童装供应情况和消费者需求情况。总之，童装设计企划中的流行资讯是所有可以称之为“新”的信息的融合与碰撞。

练一练

通过探索和概念学习，用你自己的语言复述出流行资讯的内涵和意义。

任务二 掌握流行资讯的收集方法

学一学 如何收集流行资讯

通过任务一我们认识到了流行资讯内容的庞杂与繁复，那要怎么找到适合特定童装品牌的流行资讯呢？结合前文中已提及的第一阶段信息搜集中的两个方面，我们可以从童装行业和非童装行业这两方面出发各自罗列体现在其中的流行资讯。

1.非童装行业层面

我们首先从非童装行业的社会人文思潮、设计艺术界以及政治经济与社会事件中寻找其中的流行信息。

从现代社会中流行的影视传媒中总结出当代社会中的新思想、新变化，社会文化借助这三种形式得以体现，同时这三个载体又是人们在社会生活中的生动文化映照。

（1）影视传媒——社会人文思潮的折射

电影是最新人文思潮的艺术化折射，也承载着社会生活的变迁，由于其视觉、听觉的同步运用，因此比书籍能更直观地表达当下人们的思想走向，从中可捕捉到日新月异的技术变革、社会变迁所带来的对流行的影响，如2016年科幻题材电影《三体》就是在近些年信息技术飞速发展的大背景下用科幻的方式表达对未来人类生存环境的新思考，如图2–1所示；动漫电影《寻梦环游记》则是重新定义了当下变化的社会环境中“家”与“梦想”的关系，如图2–2所示，这类作品都是社会文化在不同时期、不同背景、不同技术发展对人们思想与行为的影响。

图2–1 电影《三体》海报

图2–2 电影《寻梦环游记》海报

通过了解这些最新的影视传媒的代表性作品，我们能大致理解当下童装消费者的意识现状和他们所处的消费环境，只有这样才能达到既迎合童装购买者的心理需求又能做到引领其消费行为的目的。

（2）设计艺术界——启发童装艺术设计生成的源泉

设计艺术界是人类社会发展过程中结合物质功能与精神功能的艺术设计行为的综合，也是社会进步下人类生活水平不断提高的必然产物。同时也是当今童装设计企划灵感的主要源泉，对其进行充分、与时俱进的了解，必会为企划的中心思想增添艺术的光辉。

设计艺术界所涉猎范围非常宽广，大到城市建筑小到绘画艺术，为方便理解，本文将其大致划分为两类，一类以二维形式为主的平面艺术设计，主要包含当代绘画作品、包装、广告设计作品与摄影作品，如图2-3所示。通过对上述内容的了解可进一步捕捉到与当下童装艺术设计相契合的某一节点，在后续的设计中便可将其转化为企划素材。

童装设计企划的信息搜集包括这些不同形式的艺术设计作品的表现形式和传达的思想内容并将其应用到童装的设计之中。比如可以借鉴绘画作品中色彩搭配、元素布局或者构图手法，还可以从中汲取设计艺术的新思想、新潮流，所以对不同形式的艺术设计类别的充分了解是成功进行童装设计的重要条件。

另一类以立体形式体现的艺术作品，此类作品的主要特点为可更直观地被观者所感知，近距离的视觉与触觉刺激可带来更深刻的艺术体验，如图2-4中的建筑艺术区或独具特色的喧闹街头。所以，对艺术区的实地探访并置身其中对企划者创新思维的启发甚为必要。

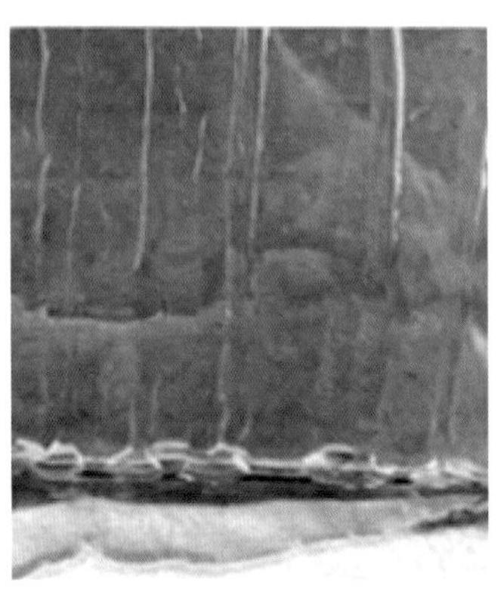
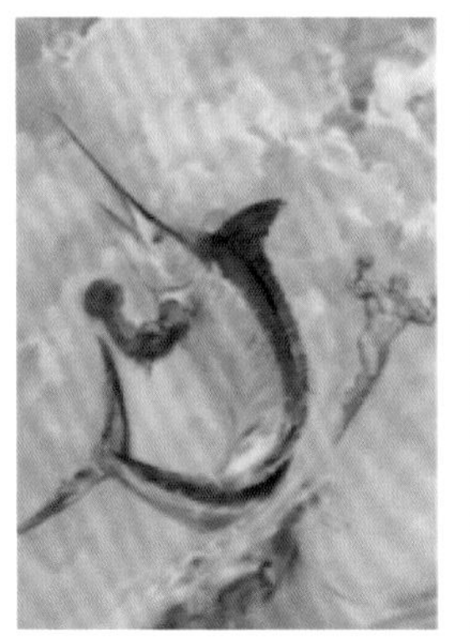

图2-3　以平面形式体现的艺术设计作品（图片来源于WGSN）

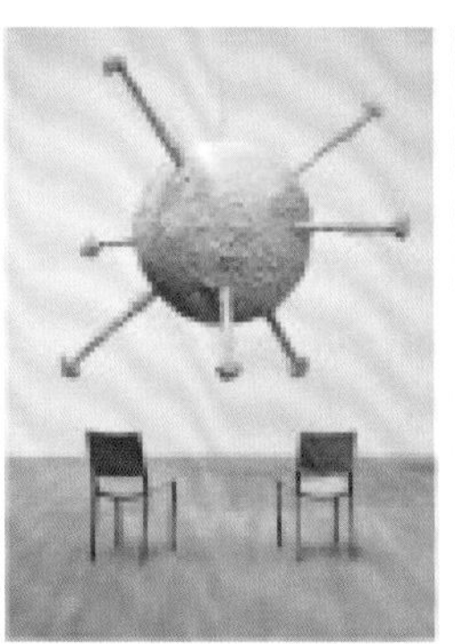

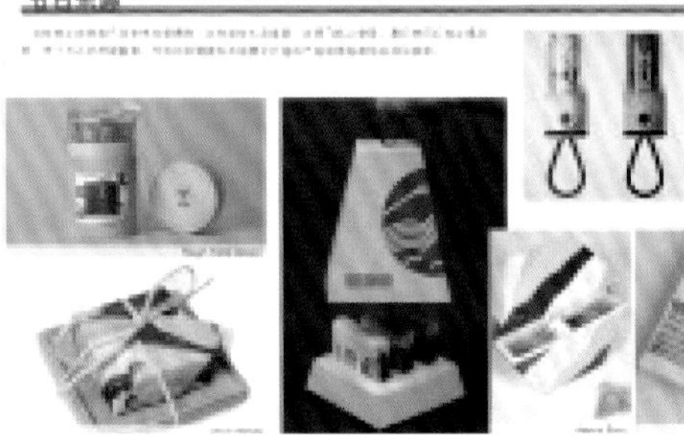

图2-4　以立体形式体现的艺术设计作品（图片来源于WGSH）

（3）社会事件——童装设计的催化剂

在信息资讯日新月异的今天，媒体是信息快速广泛传播的工具。一般来说，无法亲自参与的展会和直接翻阅的杂志，可通过媒体得到了解。在现实社会中，媒体对社会事件的反应速度最敏锐最快。因此，流行趋势的预测内容中应该包括当代的社会事件，如图2-5所示。

2. 童装行业层面

如何从童装行业的角度出发寻找面料、色彩款式市场、以及消费者的最新信息，可分别从相应的预测机构进行找寻。在众多的趋势预测内容中，流行色总是被最先预测，因其预测结果对于流行趋势有引领方向的作用。

对于童装行业来讲，预测是必要的过程，假如没有对于色彩较为准确的预测，服装的生产就无从下手。近年来童装行业所使用的色彩也呈现出更加贴近成人服装色彩的趋势，但与其他领域相比较更为多样、趋势变化速度更快、周期更短，是色彩趋势预测最为活跃的领域。

（1）童装流行色彩趋势的获取

1）WGSN

其英文全称为Worth Global Style Network，是一家较为权威的英国趋势预测机构，该机构会提前2年制定色彩趋势方案，通过预测专家和数据科学家提供的趋势见解与素材可以为设计企划提供丰富且高质量的灵感来源，如图2-6所示。

图2-5 社会事件战争、共享单车（图片来源于WGSN）

图2-6　英国趋势预测机构：WGSN

2）Peclers

其英文全称为Peclers Paris，是一家创立于法国并具有较长发展史的国际预测机构，其作为香奈尔、兰蔻等品牌的主要信息提供商，每年的第一季都会出版19种类别的趋势报告书，是国际公认的趋势预测权威报告，如图2-7所示。

此外，随着近些年童装行业的快速发展中预测需求的相应增加，国内也逐渐出现了基于本土环境与国际趋势相结合的国内预测机构，并受到国内相关设计工作者的欢迎，如POP服装趋势和蝶讯网。

色彩预测机构发布色彩预报的基本特点：

① 每年分为“春夏”与“秋冬”两季向客户发布提前市场18或24个月的流行色卡。

② 大多数趋势至少会有五个主题，每个主题有5~10个颜色，附有表达简洁的文本诠释。

③ 色谱中的所有色卡均是由英文名称和潘通编码构成。

④ 色谱有两种表达形式，一种是按照主题进行组合，另一种是根据色相予以排列。

⑤ 色彩的表现介质为纸质、毛料（秋冬）或者布料（春夏）。

（2）童装流行面料的获取

当了解色彩趋势后，接下来需要进一步探寻面料的最新趋势，在了解方式上可分为以下两种：

第一种：在前文所提及的色彩预测机构中查阅该机构的面料预测趋势，此方式可以较系统、便捷地获取所需面料趋势内容，但是存在无法直观感受面料细节的弊端。

第二种：参加权威的面料展会，直观地获取面料的色彩、质地、纹理与手感，如图2-7和图2-8所示。目前，国外具有较高知名度的面料展是法国Première Vision和Expofile面料展，国内有较高知名度的面料展是中国国际纺织面料及辅料博览会，如图2-9、图2-10和图2-11所示。

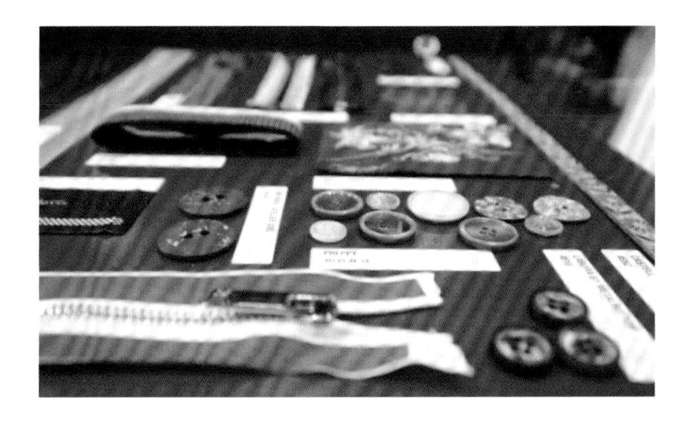

图2-7　面料展会

图2-8　面料展会

巴黎Premiere Vision 面料展引领环保采购

为满足参展商与全球买家快速变化的产品需求，Premiere Vision 面料展于近日宣布了 2021 年巴黎旗舰展的日期变更，春夏展会将于 2 月初拉开帷幕，秋冬季的举办时间则改为 7 月第 1 周。

展会旨在解决整条价值链中从面料到最终产品的可持续开发及采购的迫切问题，并在活动网站推出无塑料徽章、无纸化信息与认证，以引导访客有序参观。致力于环保时尚与创新发展的 Smart Creation 展区现场人气火爆，重点展出了生态环保纤维、纱线、面料、饰面及制造工艺的供应商。此外，时尚科技服务共享创新技术，旨在解决可追溯、可回收等问题，关于循环经济、生物制造材料与微纤维污染等重要议题的一系列前沿研讨会则吸引大批观众驻足。标志着面料行业正迎来重大变革。

图2-9　法国Premiere Vision面料展

图2-10　法国Expofile面料展（图片来源于WGSN）

图2-11　中国国际纺织面料及辅料博览会（图片来源于WGSN）

上述面料展会均以每年两届的方式进行，分别为2月的春夏面料展和9月的秋冬面料展。展会上汇集来自世界各地规模较大、专业性较强、知名度较高、品类丰富的面料展商。

童装品牌在市场中能否获得消费者的持久青睐，在更深的程度上取决于面料的质量与品味。所以，童装设计企划的规划者对新兴面料的更新动态了解与把握非常有必要。

（3）童装流行款式的获取

在调研童装色彩与面料的流行趋势后，便需对流行款式作进一步了解。通过多方渠道了解款式流行可有助力把握未来款式设计的整体走势，在设计者进行规划时便可做到有的放矢。

童装款式流行资讯的获取方式可大致分为以下两种：

一种为线上方式，主要有在线时尚预测机构和高于自身品牌定位、具有前瞻性的高层次品牌的购物平台。这种方式可以提供基于色彩、面料趋势基础之上的款式预测，具有较高的专业引领性。

如法国预测机构Promostyl、美国预测机构Fashion snoops、英国预测机构WGSN，以及我国国内的预测机构蝶讯网，如图2-12至图2-15所示。

另一种为线下体验方式，主要包括参加服装博览会和发布会。目前较权威、知名度较高的博览会有法国的Sourcing Connection（服装服饰展）和中国的CHIC（中国国际服装博览会），如图2-16至图2-18所示。

除此之外，能够置身其中参加款式发布的方式便是参加有童装品类发布的时装周，国外的有如巴黎、米兰、纽约和伦敦时装周，国内有上海时装周。通过各类童装品牌发布的新品动态与展示活动，可近距离、直观性地感受到童装款式新流行的整体风貌，如图2-19、图2-20所示。

图2-12　法国趋势预测机构：Promostyl

图2-13　美国趋势预测机构：Fashion snoops

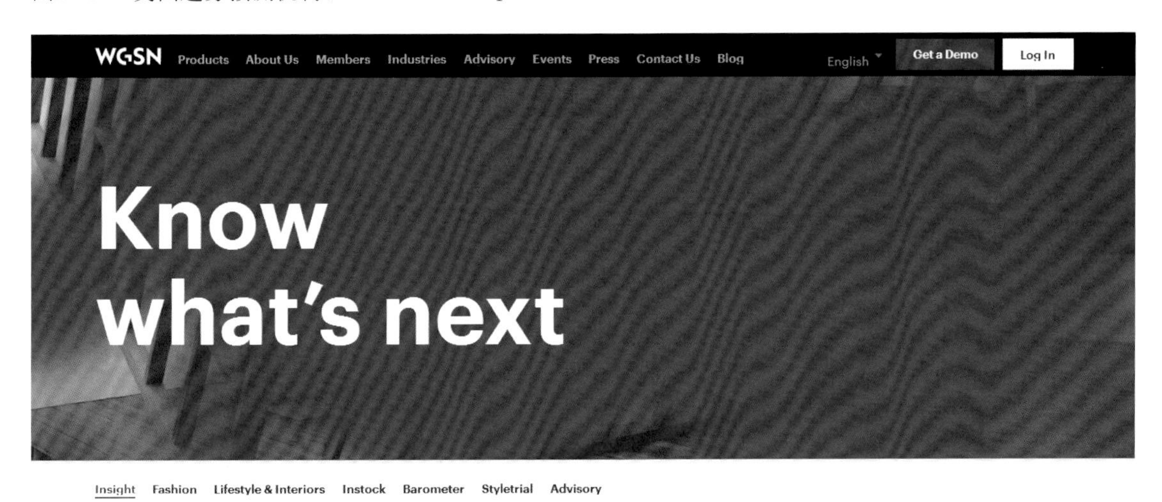

图2-14　英国趋势预测机构：WGSN

图2-15　中国趋势预测机构：蝶讯网

图2-16　法国Sourcing Connection（服装服饰展）

图2-17　法国Sourcing Connection Premi Re Vision（服装、服饰第一视觉展）

图2-18　CHIC中国国际服装服饰博览会

图2-19　时装周中的童装秀场（图片来源于WGSN）

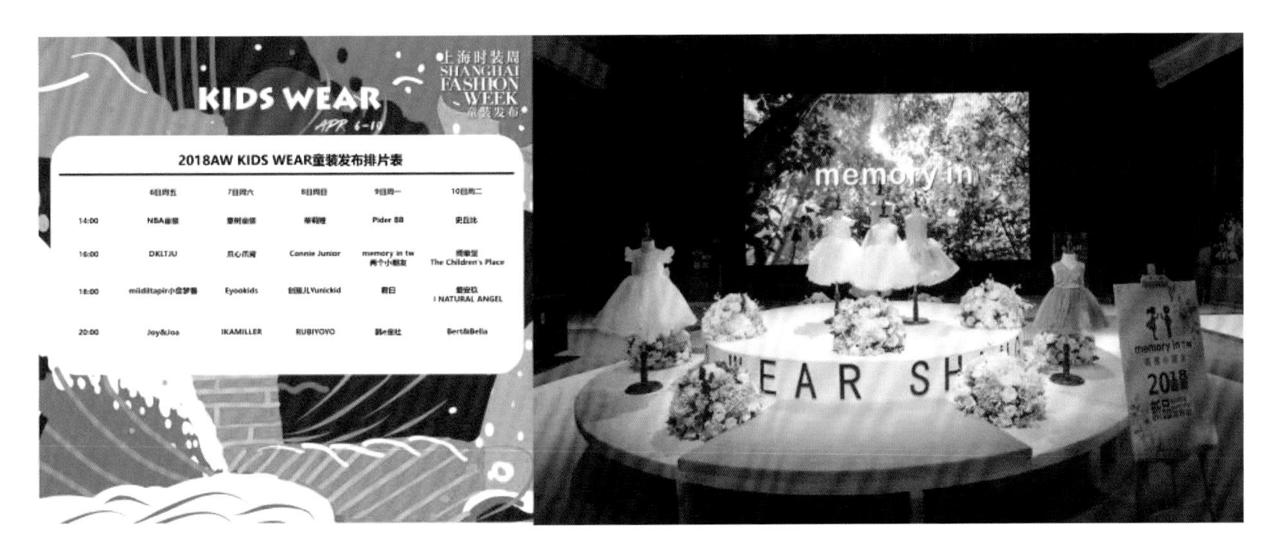

图2-20　上海时装周童装发布（图片来源于WGSN）

任务三 掌握整理流行资讯的方法

1. 任务目标

完成流行信息的收集后，还需明确本品牌一直以来所秉承的童装风格，在此基础上将已经获得的资料进行大致的分类整理，以备下一环节的设计运用。

2. 任务完成与评价方法

（1）分组：一组2人。

（2）任务内容：

① 明确本品牌设计风格。

② 依据风格按照色彩、面料与款式对所搜集的流行信息分别进行分类。

（3）任务评价：将品牌风格与信息分类制作成图表，分组讲解。

学一学 童装设计的风格分类

童装风格指的是整体童装设计产品所体现的艺术格调，也是设计工作者的审美心理和价值取向的体现，明确设计风格有助于品牌风格的延续与有序创新。要想明确本品牌的设计风格，首先要了解童装风格的大致划分。目前，童装设计企划中设计风格分为以下7种：

1. 复古风格

童装复古风格指的是将历史中已流行并有较大影响的服装典型特征再次变化运用到现代服装当中，这种风格设计多与手工艺和多元文化相

复古日光

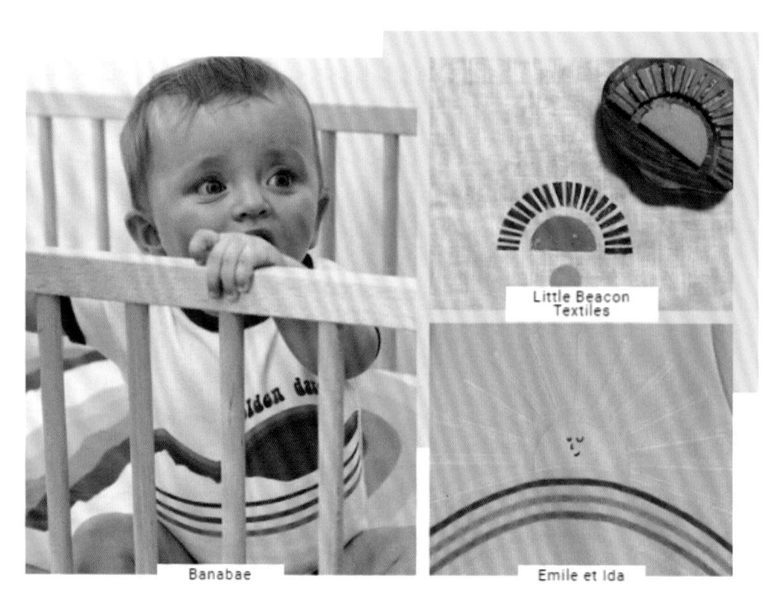

设计建议：采用触感结子线、贴花与饰缝，为日光图案注入返璞归真的手工质感。使用拼接印花、毛毡贴花等手工艺打造纹理效果。新奇的拟人表情可增添几分友善。20世纪70年代复古字体的标语则能延续积极乐观的基调。建议使用柔和的黄色调、浅棕色与赤褐色。并搭载轻复古造型一起陈列展出。

上市时间：2020夏季

图2-20 复古风格（图片来源于WGSN）

大码棒球T恤

作为一种备受期待的关键单品，且最近还在Dolce & Gabbana童装和Figh & Kida新品中出现，棒球T恤在男童服装市场涌现，新潮大码轮廓让其成为层搭单品的理想之选。彩色镶边让宽大V领开口和运动条带更加突出。透气面料是打造纯正运动单品的关键。

图2–21 嘻哈风格（图片来源于WGSN）

关，装饰形式较为多样。在当下人们的强烈怀旧心理作用下，童装复古风潮也随之兴起，成为潮流的代表。复古风格按照复原的区域，可分为中式复古、欧式复古和美式复古；按照时间也可划分为：20世纪20年代风格、30年代风格、40年代风格和80年代风格等，如图2–20所示。

2. 嘻哈风格

嘻哈风格是来自西方底层黑人的街头音乐、涂鸦、滑板、街舞等娱乐文化的综合，具有代表性的服装特征是超大码的外套、夸张的Logo、平沿帽、包头巾，整体风格舒适、随意并具有运动感。如图2–21所示，由于当下童装的消费者多为八零、九零后的一代，他们乐于接受像嘻哈文化一类的新事物，所以嘻哈风格的童装也较为盛行。

3. 时尚运动风格

时尚运动风格指的是将运动服装中舒适、自由和专业的功能性与流行的童装色彩、面料与款式融合的童装风格。由于近年来运动时尚已成为国际时尚界的一大热点，并已影响到了童装领域，同时运动装能较大程度满足儿童服装所需的自由与舒适度，时尚运动风格的童装也渐渐蔚然成风。具有代表性的有高领针织衫、棒球衫、机车夹克、运动夹克等如图2–22所示。

4. 军旅风格

军旅风格源于战争的衍生，是童装与军装元素融合于现代设计理念的体现。由于军旅元素传承军装精神文化内涵满足了消费者个性化的心理需求，较大地获得了消费者的认可。童装流行中典型的军装有博柏利风衣、飞行员夹克、迷彩服等，具体元素有：立体口袋、双排扣、腰带、绳带、胸章、肩章等，以军绿色、褐色的帆布皮革等硬朗帅气的面料为主，如图2–23所示。

男孩：运动 复古体育品牌联名款为2020春夏五彩缤纷的运动装胶囊系列带来启发

图2-22 时尚运动风格（图片来源于WGSN）

迷彩战地短夹克

尝试用全新配色的迷彩印花更新人手必备的迷彩短外套

- 战地短夹克仍是男孩和大男孩们的市场主打款。
- 常用于秋冬的全件迷彩印花现身2020春夏。全新配色和套染设计为Hartford的产品注入时尚新意。
- 用厚实的棉质斜纹布营造纯正实用感。拉绳裤腰为该跨季经典款增添功能感。

图2-23 军旅风格（图片来源于WGSN）

主题

中性实用

- Les Coyotes De Paris和Gro等品牌使用了风靡Fashion Feed的#utility实用造型，将工装夹克和工装连衣裤作为关键单品。
- 通过加长服装，营造中性感、迎合可持续理念，该极简造型更加考究时尚，与趋势预测呼应。

图2–24　中性风格（图片来源于WGSN）

5. 中性风格

中性风格指的是突破传统性别的穿衣规则，模糊性别边界，男女特征共存并相互借鉴的一种风格样式。在童装中体现为：男童款式更合身、色彩更明亮、面料更柔和；女童款式更简约干练、色彩明度较低，多见于黑白灰等中性颜色和材质硬朗的面料，如图2–24所示。

6. 田园风格

田园风格指的是崇尚自然、清新、质朴的典型大众穿搭风格，该风格追求精神解脱的自然美，反对都市社会的繁琐与嘈杂，迎合了饱受现代城市压力的都市年轻人的心理需求，进而也影响了童装的发展。田园风格的典型特征在造型上多以宽大、舒适、放松的款式为主；在材质上多以天然、质朴的亲肤面料为主；在色彩上多以柔和、舒缓的中低明度和中纯度为主，如图2–25所示。

7. 极简风格

极简风格源自现代艺术流派，追求关注基本功能，尽量去除装饰。基于Less is more 美学理念，整体以自然的形态呈现，童装廓型多见于简单的A、H、O廓型；用色较为克制，多以色调统一、粉度较低、明度较低和偏中性的黑白灰为主，无图案装饰；材质也颇具含蓄意味，多见于天然棉麻面料，无明显肌理变化，如图2–26所示由于此风格的纯粹与舒适契合于当下流行的自然环保，受到了越来越多的设计关注与消费者的青睐。

主题

花田小径

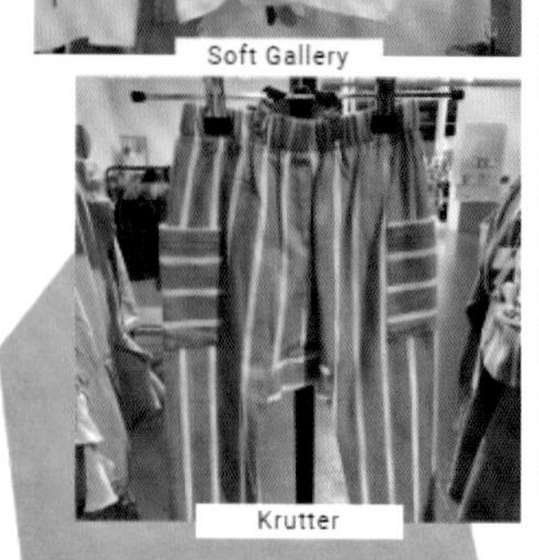

Milk & Soda

Wheat

Serendipity Organics

- 重返自然主题称霸市场，民族风是关键，Playtime展会和Pitti Bimbo男童服装展和女童服装展都展现了这一主题。
- 用大地色系的工装中性色搭配朴素纹理，营造实用主义基调。
- 纤细花枝图案是关键，我们在赋情趋势预测中也曾强调过，Soft Gallery也推出了家庭菜园蔬果的图案。

图2-25　田园风格（图片来源于WGSN）

极简工装
连衣长裤

设计要点：工装连衣长裤在我们的2019/20秋冬设计开发报告中出现之后，不断受到更多关注。这一造型在2021春夏延续了原始工装造型，并采用量感版型来迎合实用性和舒适性主题，推向婴幼儿市场。

Chaboukie

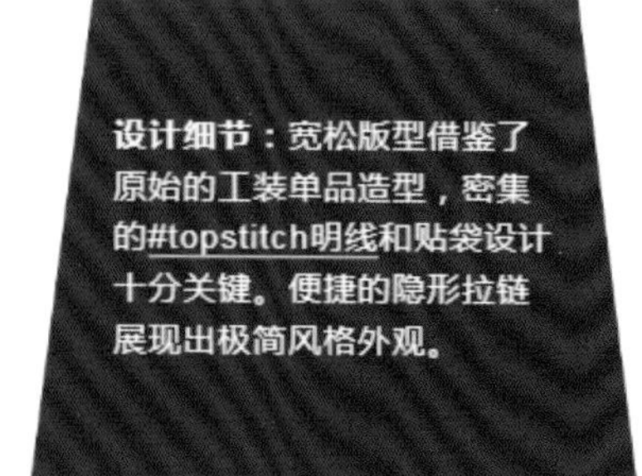

设计细节：宽松版型借鉴了原始的工装单品造型，密集的#topstitch明线和贴袋设计十分关键。便捷的隐形拉链展现出极简风格外观。

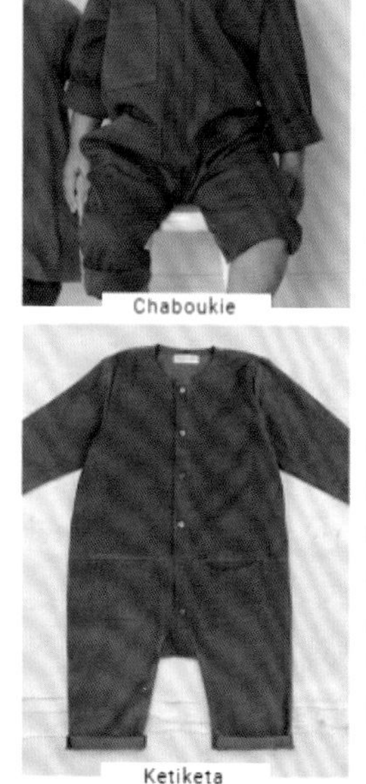

Ketiketa

Minimalist Boilersuit

Kkami
Wunderlang

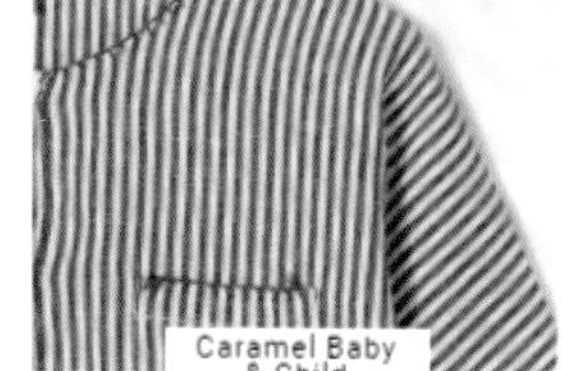

Caramel Baby & Child

图2-26　极简风格（图片来源于WGSN）

用一用　如何整理所收集材料

明确本品牌的设计风格定位后，接下来就是用图片的形式将与之契合的素材按照色彩、面料与款式的顺序进行大致分类，便于将品牌的自我设计风格与流行素材有机地融合，也为下面将进行的设计创作工作储备具有价值的素材资源。

整理素材主要采用尽可能直观的形式进行，如在表现色彩和款式的流行讯息时采用图片和精简的词句概述形式，这样可更直观、更方便快捷地向其他设计人员传达信息内容；在表现面料素材时可采用图片附以面料小样的形式进行，如此才能更大程度将前期所收集的资料展现出来，也更有助于创意设计思维的表达。

另外，在选择素材图片的质量上也要注意甄别信息权威性、实效性与价值性，不可过于盲从或者独断，设计企划并非一人之力可以完成要多从成功的企划案例中学习经验。将所有素材整理完毕后还需征集品牌的营销、采购等相关人员根据本品牌的实际情况进一步明确素材的指向性与可行性。

在整理好有关备用的流行色、面料与款式素材后，还需将之备份并存入本品牌的设计素材档案，这便形成了基于本品牌风格的设计开发资源库，为今后的设计企划提供有价值的参照。

练一练

从现有的童装品牌中确定一个你所感兴趣的品牌，在了解该品牌后为其确定品牌风格，并将前期所收集的流行素材进行分类整理，以图片的形式在小组间进行展示交流。

项目达标记录

	优秀	良好	合格	需努力	自评	组评
任务一	5分	4分	3分	2分		
任务二	5分	4分	3分	2分		
总　分						

项目总结

	过程总结	活动反思
任务一		
任务二		

项目三

童装设计企划的主题设定

项目介绍

童装设计企划主题设定是在前期把握童装专业与非童装专业的流行资讯基础上进行的，运用所总结的市场需要、消费者需求与社会流行，结合本品牌产品的风格和设计师自身的视角，构建新一季的核心设计概念并围绕此核心设计概念收集视觉图像，用图片将产品设计与生活链结，用文字来描述企划主题，为接下来童装产品各个方面的创新提供清晰明确的发展思路。但在具体的主题选择时该如何确定方向，如何做到系统化、理念化的商品企划语言表达呢？根据这些问题，本项目需完成的任务如下：

任务一：典型童装设计企划主题设定分析

任务二：童装设计企划主题的方向确定

任务三：童装设计企划主题的表现方法

项目三：童装设计企划的主题设定

项目实施

任务一 典型童装设计企划主题的设定分析

1. 任务目标

通过对典型童装设计企划主题设定分析，了解设计主题所具备的关键要素，以领悟主题设计的原则。

2. 任务完成和评价方法

（1）分组：一组4~5人。

（2）任务内容：通过调查不同品牌的童装设计企划，分析其设计主题的风格以及最终的表现效果，完成调研报告，并提出相应的看法和感受。

（3）任务评价：完成下列调研报告并进行分析。

童装品牌设计企划主题分析报告		
主题名称	方向	表现效果

想一想 典型童装主题设定

童装设计企划主题是一个题目和理念，是对某种设计思路的总括。一般采用文字及与文字内涵相一致的图片辅以表达，在一个题目和设计概念下可以生发多个情境性的小主题来丰富设计内容，塑造设计系列感，如图3–1所示。

如今消费者的购买意识正在发生改变，面对众多可供选择的品牌做决策时，往往会考量品牌所传达的设计理念及跟随品牌引导的生活方式，这说明了品牌核心设计概念的重要性，优秀的灵感素材是保证设计概念的创新性和具有生命力的关键。

如图3–2所示，主题为“绚彩”的童装设计企划，其选择了具有鲜明艺术风格的日本艺术家Zenji Funabashi（舟桥全二）的富有童趣的系列作品作为灵感源，其简约中沉淀着优雅芳香的抽象艺术风格为该品牌的产品注入了独特的艺术格调，有助于产品在众多品牌中能够脱颖而出，避免最终产品形态的同质化，给消费者以深刻印象。

只有探寻和挖掘具有独特视角的艺术作品才能使设计企划展现其独特性与新颖性，这也是设计师创新设计思维的重要表现方面，作为未来的童装设计者应多学习思考优秀主题的创新途径和方法，积累自身的生活阅历和艺术修养。

一个好的主题除了选题新颖独特外，还需综合体现设计师的市场理念、创作高度、设计语言，新旧季设计企划主题的区别并不只是主题本身的

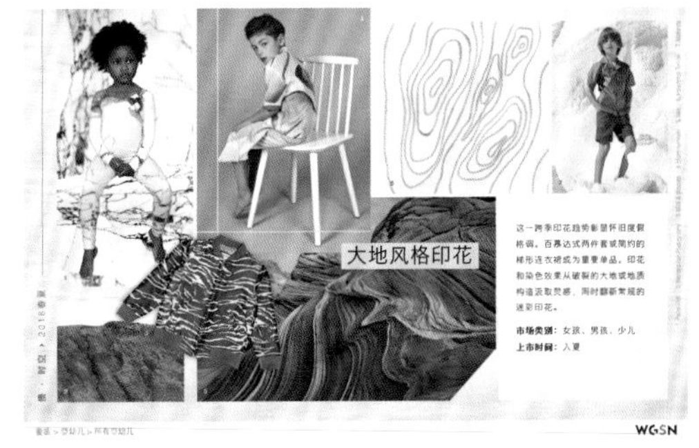

图3-1　主题的表达（图片来源于WGSN）

新与旧，而是融入了设计者自身的创新视角和对消费者购买因素把握其中。只有经过审慎思考判断后的设计主题才能在此基础上生发下一步的风格、色彩、材料、廓型。

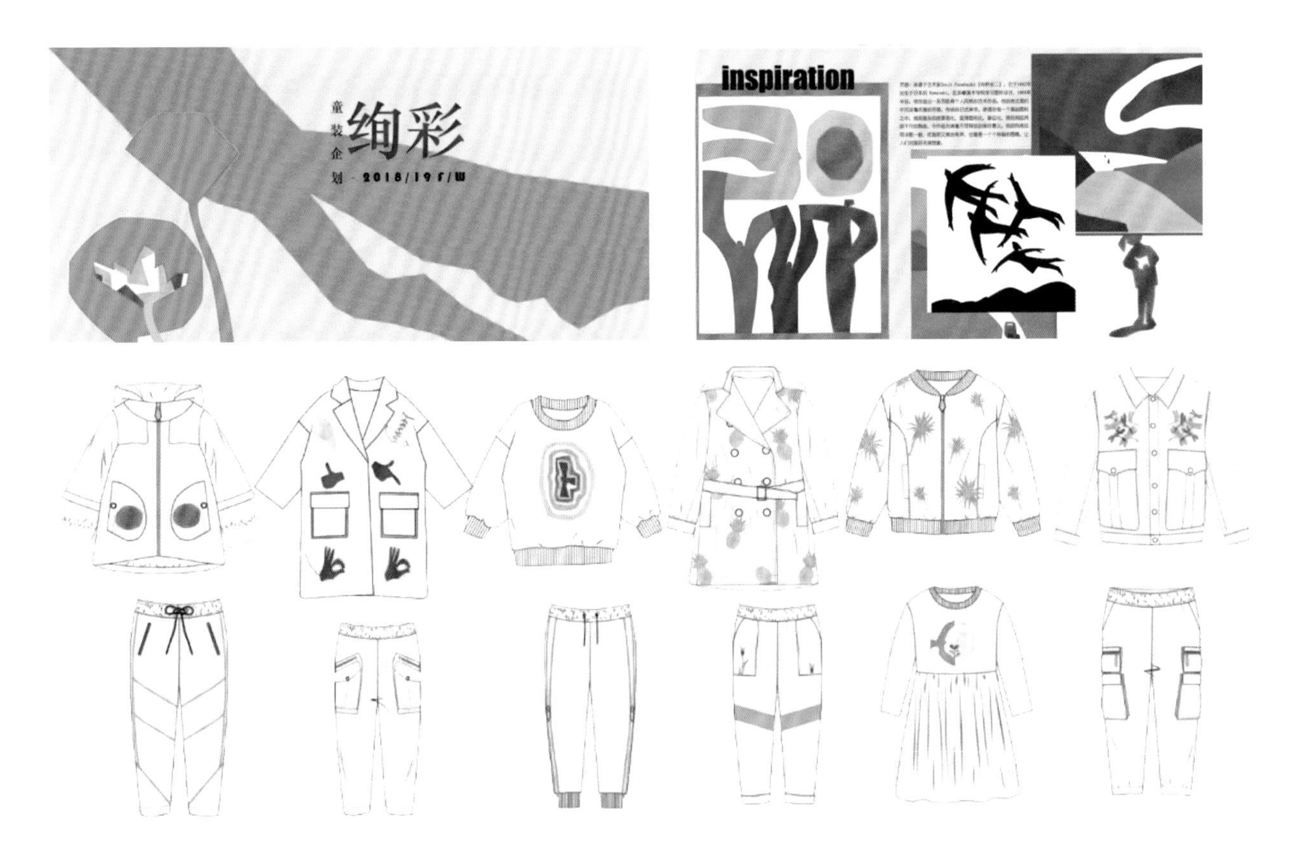

图3-2　以“绚彩”为主题的童装设计企划

任务二　童装设计企划主题的方向确定

1. 任务目标

掌握童装设计企划主题的确定方法，使设计思想既符合时代背景又独具设计创新内涵。

2. 任务完成与评价方法

（1）分组：一组2人。

（2）任务内容：

① 明确童装设计企划的选题方向；

② 掌握主题的制定方法。

（3）任务评价：以图文形式将主题内容形成脉络表达出来，并分组讲解。

学一学　童装设计企划主题的选择

通常，新一季童装设计企划中根据内外部因素会先制定一个大主题，在大主题下再衍生两个或两个以上独立的小主题，最后在小主题下各自发展小系列，衍生出的每个系列都需与核心主题风格相对应，这样就形成了新一季产品的统一基调。其中所谓大的设计主题是对社会各类新思潮的浓缩，如图3-3所示。近些年来世界各地各行业倡导的生态环保与异军突起的人工智能新潮流，在深入影响成人服装发展后也在逐渐渗透在童装设计题材中。除了这些因素之外，还有对过往经典风格的复归与延续，如在童装中经久不衰的花卉题材、童话题材、动漫题材、动物题材等经典系列题材的运用，也是童装主题必不可少的方向。

试一试　掌握童装设计企划主题的延展方法

在明确主题的大方向后，需将其进行广度的延展，以扩充主题内容，丰富主题的表现层次，一般较常采用思维导图的方式发散与主题内容相关连的分支，如从核心主题“天空”可衍生出一连串与之相关的内容，像“外太空”“宇宙飞船”“宇航员”“月球”等。通过思维发散的方式可将空洞、难以下手、包容性较大的初级主题分散成三个、四个或多个可操作性强、与童装三要素相关联的小主题。

历史文化 + 民间艺术 + 科学技术 + 自然生态 + 社会环境 + 市场经济 + 行业动态

图3-3　童装设计企划中主题的选择方向

任务三 童装设计企划主题的表现方法

学一学 童装设计企划的主题

1. 形式

在完成上述任务内容后，童装设计企划部门需制作主题概念板来表达具体主题，内容概念板中的文字与图片形式可不拘一格，只要能将主题的精神通过其所内含的色彩、肌理、纹样淋漓尽致地表达出主题概念即可，如图3-4所示，其主题的表达要有氛围带入感，这样才能在设计实践中成功地转化成消费者乐于接受的产品。此外，概念板上还可以附以实物，如新流行的面料、别致的花边、新型纱线，甚至还可放上粗糙的锈铁、铜片，废弃的尼龙绳等，只要能促进童装企划设计人员的灵感体现与交流的素材都可以出现在概念板中。

2. 内容

概念板围绕主题呈现出一系列富有表现力的各类素材，其来源一般是触动设计者的设计灵感内容，在这里便可用到前期所搜集的非童装和童装行业的资讯，总体来说，都要与艺术感有着或多或少的关联性，无论哪一品类的产品设计本质上除了基本的使用功能外多是对“艺术感”的传达。童装要有它的时代感与艺术气息，就要通过新的语言形式去讲述过去的历史并融于现在的潮流，富有创新力和转化力的主题通常可以有以下四种分类。

图3-4 海洋主题（图片来源于WGSN）

（1）自然风光

大自然是最好的灵感来源，时装界有许多是从大自然中汲取新灵感、新图案、新颜色、新质感。大自然总是给予我们取之不尽、用之不竭的创作触发点，它用阳光、流水、春风为人们塑造壮美山河。自然中的色彩美及形态美可直接或间接转化在作品中。

对于服装设计师而言，通过直观、形象地观察自然物象获得感性认知，再通过抽象思维和艺术加工，融进服装造型和风格中。

设计师通过设计作品表达生活和自然中的绚丽色彩、造型，触发出设计接受者回归自然的心理追求。比如，自然界中的花草树木的色彩和形态、天空云彩的怪异、鸟兽的形态、山川河流的层叠等自然元素都可使设计作品呈现出与自然相协调的生态之美，如图3-5所示。

（2）姊妹艺术

姊妹艺术是以绘画、雕塑、建筑、音乐的形式为素材灵感之源。可通过色彩、面料质地、外观特征等艺术形式加以体现，其线索特征是童装与艺术品的“求同性”，这些与童装有着或是形态上、或是色彩感上、或是精神内涵上的共通性，能够直接转化到设计的灵感源之中，如图3-6所示。

（3）科学技术

科学技术的主题在近些年的童装设计企划中逐渐盛行，技术的发展与突破逐渐符合人们的渴望，也满足了人类对未知探索的好奇心与自信心。童装主题的选用也应该去呼应人类社会的这一变革，并将其整合在设计元素之中，如图3-7所示。

图3-5　自然风光（图片来源于WGSN）

图3-6　姊妹艺术（图片来源于WGSN）

图3-7　科学技术（图片来源于WGSN）

（4）社会文化思潮

社会文化思潮主要指的是当下社会中流行的社会文化走向，其折射出当下社会的政治、经济以及思想动向，如电影艺术作为设计作品青睐的主题形式，从中吸收借鉴电影镜头所想要传达的社会思想动态，将其融入自己的设计作品中以呼应当下人们的社会文化现状。

除了电影外，还有不满于现状而怀念过去某一时期的文化形式——即怀旧思潮也一直存在于企划主题库中，以示对曾经岁月的留念。

社会文化具有包容性，底层文化对精英主流文化的冲击与融入，艰苦的淘金牛仔文化、传统的民族文化等都被搬到了童装舞台之上，如图3-8所示。

生活中不缺美的存在，而是缺乏发现美的眼睛，这种于平凡中发现不平凡之美的能力对于服装设计师而言尤为重要。它需要设计师长年累月的实践积累，当受外界因素的激发突然出现创作契机时要进行记录和总结。另外，设计师还应具备一定的学习能力，从生活经历、艺术作品中学习经典，学习优秀的企划案例以丰富自身的设计底蕴。

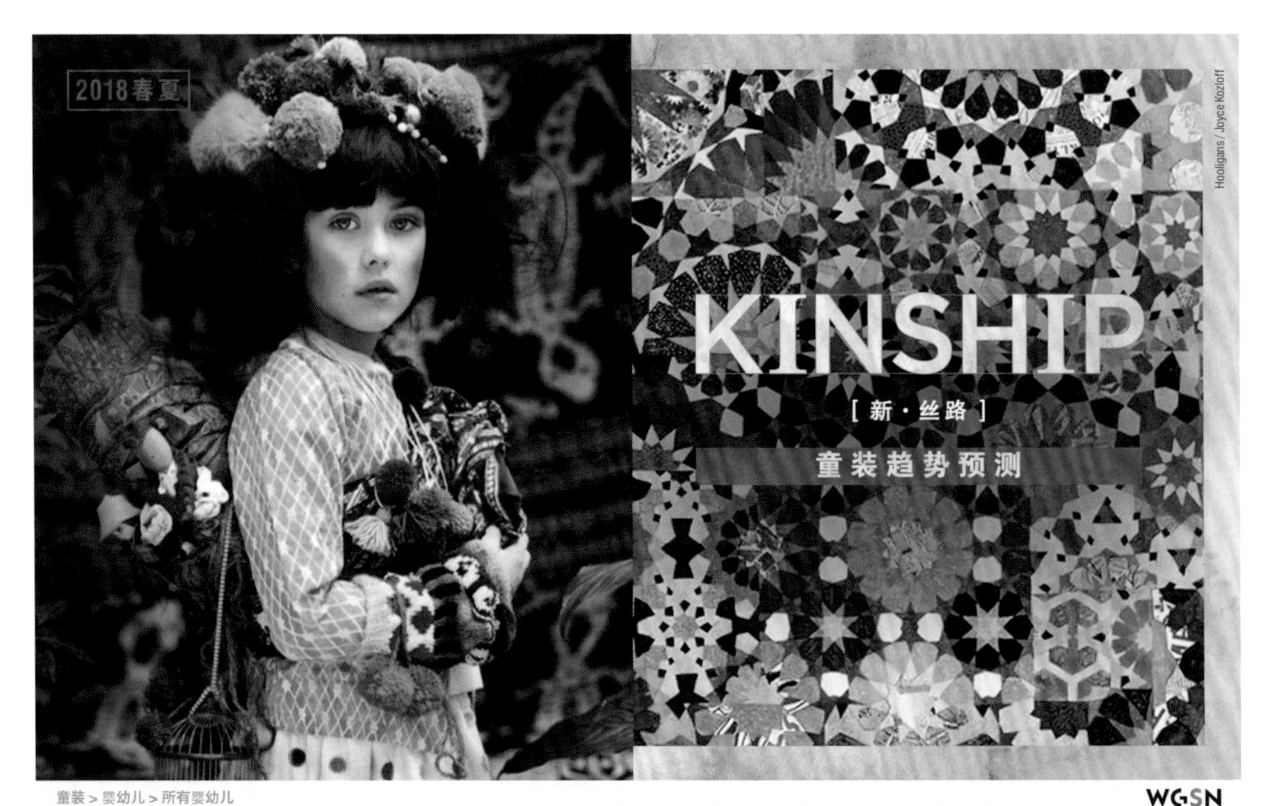

图3-8　社会文化思潮（图片来源于WGSN）

项目达标记录

	优秀	良好	合格	需努力	自评	组评
任务一	5分	4分	3分	2分		
任务二	5分	4分	3分	2分		
总分						

项目总结

	过程总结	活动反思
任务一		
任务二		

项目四

童装设计企划的色彩设定

项目介绍

色彩之于服装就像眼睛之于我们人类，色彩就像服装的眼睛一样会“说话”、会“传情达意”，所以，在进行童装设计企划时首先着手的便是色彩部分，那在童装设计企划中如何去进行色彩规划并运用在童装产品之中呢，这就是我们接下来两个任务的主要目的：

任务一：童装设计企划中色彩设定的重要性

任务二：制定色彩企划中的常见问题

项目四：童装设计企划的色彩设定

项目实施

任务一 童装设计企划中色彩设定的重要性

1. 目标

明确色彩在服装销售中的地位与作用，引起设计者对色彩企划的重视。学习童装色彩企划所包含的具体内容。

2. 完成和评价的方法

（1）分组：一组2人。

（2）任务内容：回想一下，在童装商场中你远远向店铺内望去，你最先关注的是色彩、款式、面料中的哪一个？小组之间讨论并将结论整理在下列表格中。

（3）评价：完成下列调研报告并进行分析

童装店铺关注点调查表

品牌名称	色彩	款式	面料

图4-1　童装商场

想一想　色彩设定的重要性

在完成上述表格后大家可能都会得出一致的结论：在童装购买时首先吸引消费者眼球的不是童装的具体某种款式也不是所使用的某类面料而是首先映入眼帘的色彩，这是因为视觉神经有着超越其他感觉神经的传输速度，将色彩第一时间传至大脑皮层，这也是销售者重视视觉营销的主要原因。因此，世界流行色协会，每年运用各种科学手段预测和发布流行色，推动色彩的流行浪潮，提高人们的消费愿望，如图4-1所示。

另外，从设计角度看，最能形成设计氛围感的关键要素也是色彩，色彩运用很大程度上直接影响设计质量的高低。

除此之外，我们也可以想象一下，如果店铺内的所有产品的色彩都是无彩色的黑白灰，如图4-2、图4-3所示，消费者便无法快速捕捉到童装产品中的亮点，而会感觉枯燥、乏味，对产品的兴趣点也会直线下降。

图4-2　童装商场

图4-3　童装商场

学一学　童装色彩企划的具体内容

色彩企划一般包括的内容有：

① 色彩主题，与企划主题一脉相，是整个色彩企划思想的统领。通常以简短的一段话或者两段话形成呈现，如图4-4所示，无论是色彩关键字还是具体的色块以及色彩效果图片都要服务于色彩主题；都要体现出其中的精神内核，只有这样设计企划才不会像一盘散沙，而是各个环节紧密连结的整体，让人快速把握中心。

②具体的色块，这是用色彩语言表达设计主题，通常包含这一系列即将要用到的色彩，系列的主要色相不宜过多，色相过多会导致色彩主题感不突出，出现使人“眼花缭乱”的混杂感。虽然在色相的选择上要“惜色如金”但是可以对色彩的明度或纯度上进行多样的变化。

③色彩效果图片，如图4-5所示，这是对具体色块所形成的效果的体现，一般是借用能大致表达色彩主题、包含色块的抽象或具象图片，数量可多一些，但是角度要避免单一，这样才能多维地启发设计师的设计思路。

找一找　优秀色彩设计作品

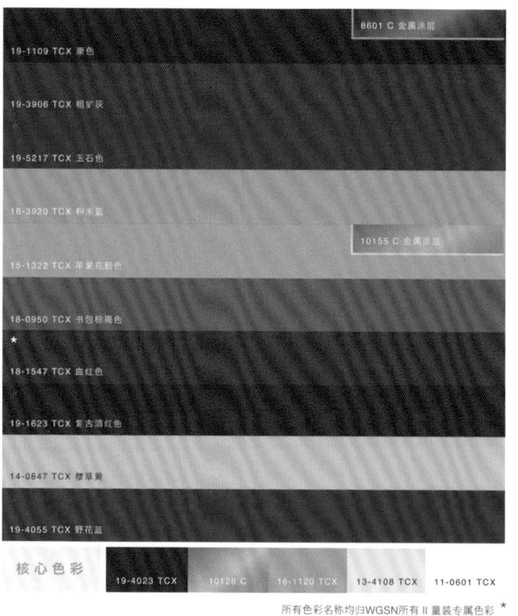

图4-4　童装色彩企划（图片来源于WGSN）

简介

幻梦主题模糊了现实与虚拟之间分明的界限，其色彩中还蕴含了不少科幻和科技元素。深沉饱和色彩与炫目鲜亮色彩对比鲜明，打造出的色彩组合既夸张又另类。调色盘主打的紫色，蓝色和类荧光色最适用于冬季、节日季，以及派对装新品。

季节性信息

01 **类荧光色席卷调色盘**：核能黄和日晕色等鲜亮色彩是装饰色的首选，而剩余黄色调则看起来既活力四射，又桀骜不驯

02 **磨砂粉蜡色地位不减**：水晶蓝和丁香紫灰等浅色调单独出现尽显柔和，却在搭配深暗调色彩时变得明亮耀眼

03 **金属色至关重要**：金属色仍是该主题的核心，且为派对装注入不少应季奢华感

04 **细美暗色充当基底色**：流星蓝、银河绿和硬性钴蓝等深暗色调有着广泛的吸引力，且是黑色的完美替代品

色彩 > 未来趋势 > 单品分类

WGSN

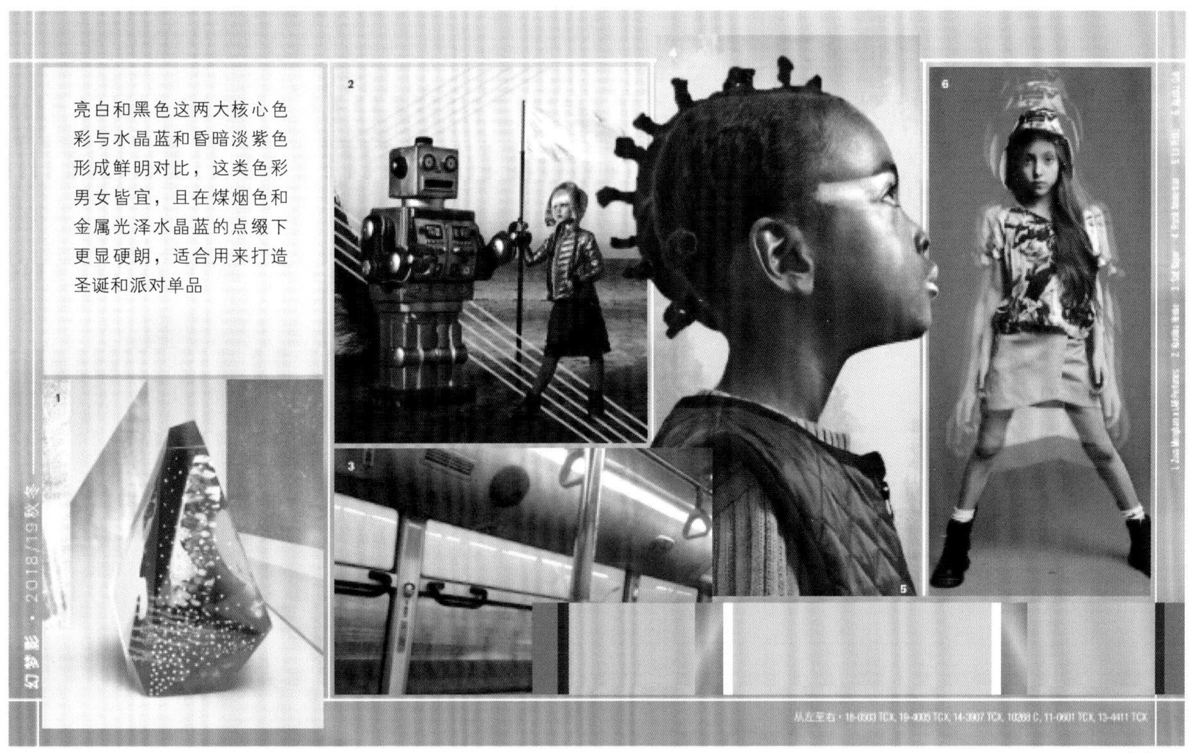

亮白和黑色这两大核心色彩与水晶蓝和昏暗淡紫色形成鲜明对比，这类色彩男女皆宜，且在煤烟色和金属光泽水晶蓝的点缀下更显硬朗，适合用来打造圣诞和派对单品
1
2
3
4
5
6
幻梦影 · 2018/19秋冬
色彩 > 未来趋势 > 单品分类
WGSN

图4-5　色彩效果图片（图片来源于WGSN）

每人按照对色彩设计企划的认知，找出十个优秀的童装色彩企划，并用文字归纳出作品的优秀之处，四人一组进行组内讨论，评选出组内优秀作品并陈述评选理由。

知识加油站

有关流行色的两个小秘密

1. 流行色到底如何而来?

色彩趋势最早是根据国际组织“国际流行色委员会”(International Commission For Color in Fashion and Textile简称Inter Color)汇总分析来自世界各地成员国提交的流行色提案，然后通过科学的计算方式得出国际最新色彩流行方案。在这个委员会中成员一共有十九个，分别来自芬兰、法国、德国、意大利、匈牙利、葡萄牙、日本、韩国、泰国、土耳其、美国、中国等国家。每年这些来自世界各地的成员国家代表们会齐聚到法国巴黎总部，结合各自国内的政治、经济、科技、文化等大动向以及其对生活方式、消费动态的改变向委员会做出流行色提案，分享当季的色彩背景故事和文化内涵，以与其他成员国博弈流行色的最终选择方案，如图4-6所示。

国际流行色委员会的色彩趋势方案出来以后，专业的色彩预测机构会结合每年春秋两季的国际四大时装周(伦敦、纽约、巴黎、米兰)进行推广发布，如图4-7所示。

待这些机构公布各自的流行色预测结果后，便有纱线制造商提前18个月通过纱线展和面料展来一并发布流行色的色彩趋势，并且还开设含有新一季色彩用于每个季节的图片及实物的展览馆，让采购者能直观体验纱线流行趋势。

面料企业以此时预测的流行色和流行纱线、面料等信息为基础，在计划阶段确定所开发面料的材质、色彩、印染等。

成员国需要做什么

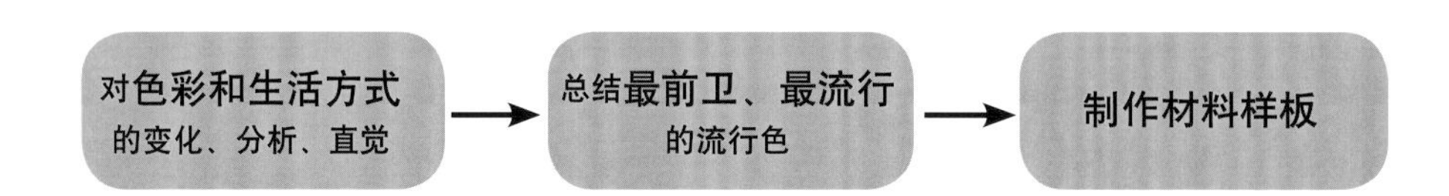

流行色的来源

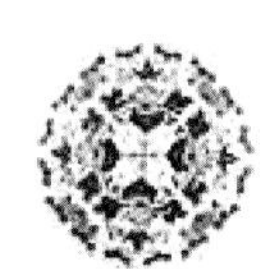

历史文化 + 民间艺术 + 科学技术 + 自然生态 + 社会环境 + 市场经济 + 行业动态

图4-6 流行色的形成

服装设计生产商通过参加最新面料展后获得最新的流行色与流行面料，然后设计生产服装并通过服装设计周向全球发布，其周期为三个月，周而复始，循环演绎着春夏和秋冬的流行色，这些服装制造商会在终端市场营销中，最终将带有流行色的服饰推向我们消费者的日常穿着当中，如图4-8所示。

2. 流行色变化的规律是什么?

每年春夏和秋冬两季的色彩"炸弹"，年复一年地反复冲击着消费者的眼球，每次都能带动消费者的消费热情。其实主要流行的颜色无外乎几个相对固定的色相，只是每年会在过去的流行上稍加变化，或深点或浅点，或者混一些别的颜色，这样的变化，会让你感觉似曾相识但又有新鲜感，如图4-9所示。

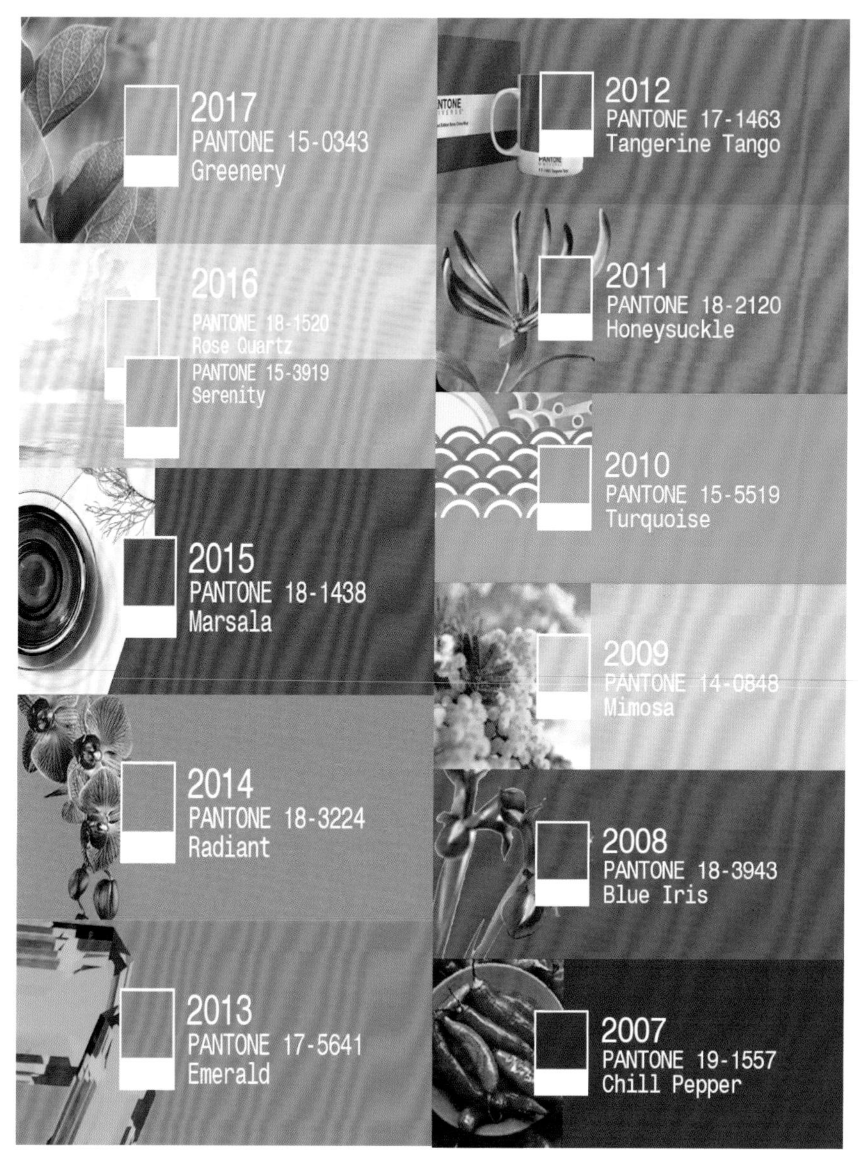

图4-7　流行色的年度变化

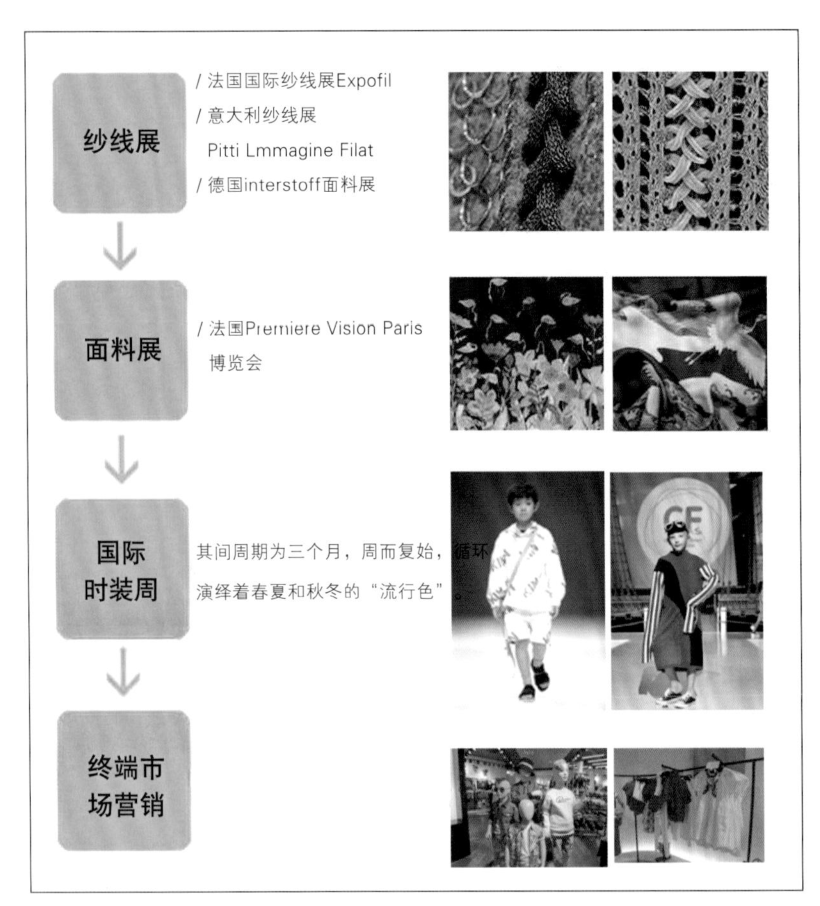

图4-8　流行色的应用流程

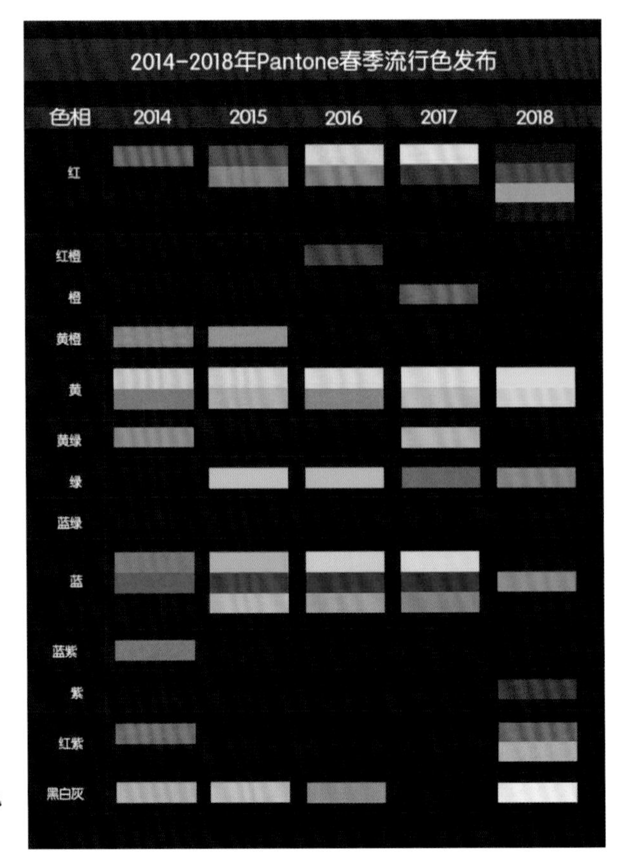

图4-9　流行色的变化规律

任务二　制定色彩企划中的常见问题

1. 任务目标

在掌握色彩企划的重要性以及所包含的具体内容后，还需了解一些常见的问题，以避免所制定的企划内容无法切实指导设计操作的状况发生。

2. 任务完成方法和评价方法

（1）分组：一组2人

（2）任务内容：以《慢生活》为主题设计一组未来一年的童装流行方案

（3）任务评价：采取先自评再互评，最终教师评价总结的方式

试一试　如果你是童装设计师……

如果你是童装设计师，给你一个设计主题，你根据这个主题如何展开下一季的童装色彩企划。先根据你对童装色彩企划的所知所解尝试一下未来一年以《慢生活》为主题的色彩企划。

记一记

在没有经过系统学习童装设计企划方法的设计师身上往往会出现两个主要问题：

第一个是主题思想不突出，主要问题是对设计主题内化的不够深入，也没有相关度较高的素材对主题进行说明，这时就需要深入理解设计主题，细细品味主题文字，多角度收集主题背后的各种相关素材比如通过图片、影视或者音频等方式，充分领会主题的精神内核并将其内化于心、外化于色彩，如图4-10所示。

简介

现代，人们对独树一帜的渴望推动了别样这个张扬潮流的兴起。富有创意的实验性产品和新工艺、新材质使设计越发个性，童装面料开始使用大胆配色、随性图案、全新细节和创新技术。

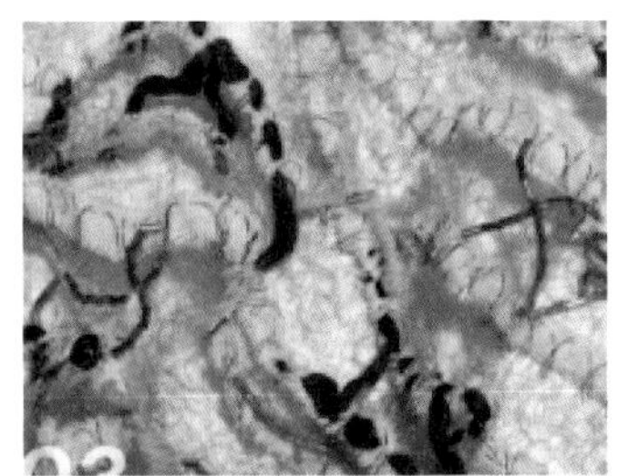

2019春夏别样

童装面料趋势预测报告为设计师、开发者、制造商、纱线和纤维厂商提供关键指导，展示来自工作室、创意人士和制造商的独家样品，启发2018/2019秋冬的产品开发。

季节性信息

01　**游戏元素启发色彩与纹理：**印有混合条纹图案的光滑面料、运动透孔网面，以及经褶皱科技处理的平纹面料，搭配醒目色彩和天然科技纱线，打造动感的图形外观

02　**童趣图案和拼接造型打造个性面料：**提花织物、随性图案以及随机纹理混纺粗花昵都是充满童趣的面料。刺绣、针刺、拼接和嵌花等手工技艺为造型增添随意慵懒感

03　**面料变得张扬有态度：**在印花和提花面料上大胆使用DIY喷漆效果，使面料极具表现力，排印图案和张扬迷彩也个性十足，回收纱线和面料的使用体现了品牌环保意识的增强

面料 & 纺织 > 未来趋势 > 2019春夏 > 面料　　WGSN

图4-10　色彩企划（图片来源于WGSN）

除此之外，童装设计师还需要充分感知消费者有关色彩方面的心理需求，并在色彩企划中呼应对这一需求的关注。比如，通常准爸爸或准妈妈多倾向为即将出生的宝宝购买色彩粉嫩色系柔和的衣物，如图4-11所示，消费者会不自觉地选择高明度、低纯度的色彩来表达对新生命到来的期待与盼望心情，这种情况下设计师就不宜采用过于浓重的颜色作为新生儿的衣物的主要色调。

第二个是色彩企划作品的美感差强人意，色彩设计内容的审美水平与创新能力不足，如图4-12所示。这就需要设计师要多学习优秀的色彩设计作品，站在巨人肩膀上多观察、多总结、多练习，只有这样才能让作品的品位得到提升，最终得到消费者的认可。

比如从艺术大师的经典作品中学习配色。已获认可的艺术家们往往都有自己独到且深刻的色彩风格，如电影导演韦斯·安德森新奇高艳的同类色电影画面、画家莫兰迪冷静又温柔的灰色调的绘画作品，以及风格迥异的摄影作品都是可以学习借鉴的。如图4-13图至4-16所示，提取出其中的配色，并将其作为素材存入设计资料中，这样长此以往地积累下去，你的色彩审美能力将会显著提升。

在许多初学者的作品中除了存在上述两个主要问题之外，还存在一些形式上的问题。比如描述色彩主题的文字过多或者文字内容过于直白、关键字没有充分被提取出来以及色彩效果图与主题内容不相符等，要避免这些问题的出现需要充分吸收学习优秀的配色案例的同时，还需多加以练习并与同学之间相互交流、彼此完善。

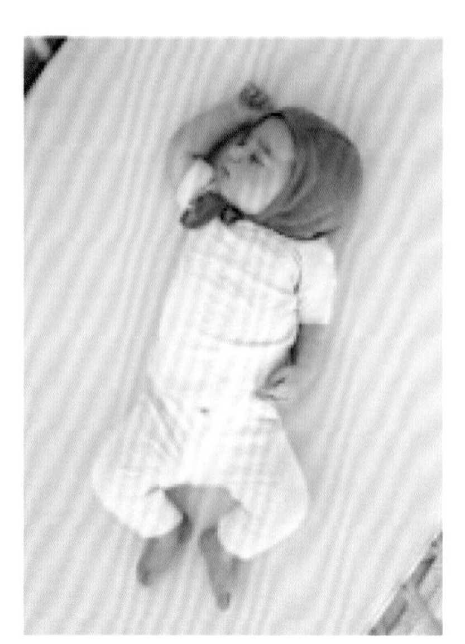

图4-11　婴儿服

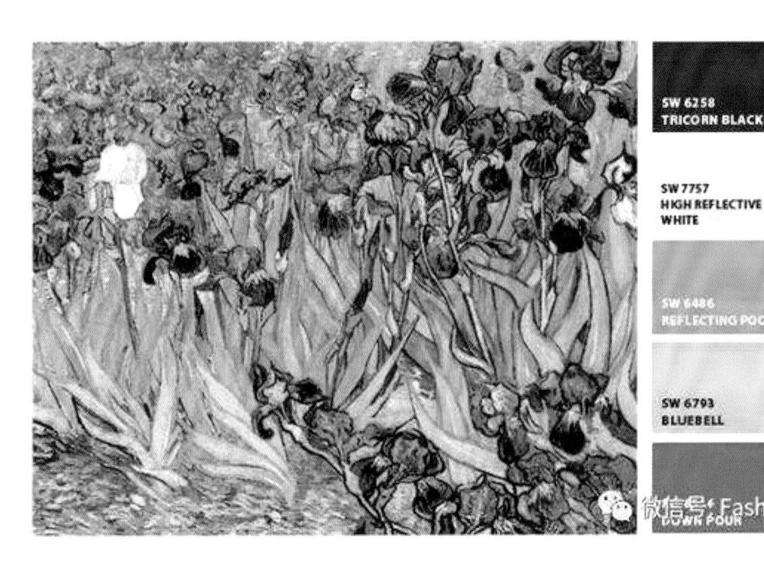

图4－13　经典艺术家作品①

图4－12　审美水平有待提高的配色

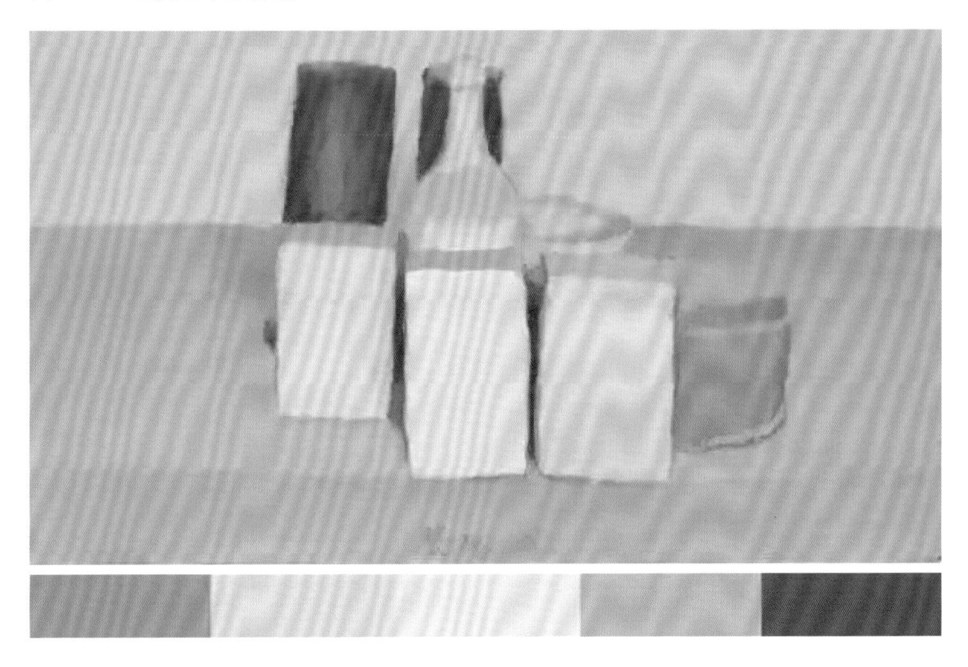

图4－14　经典艺术家作品②

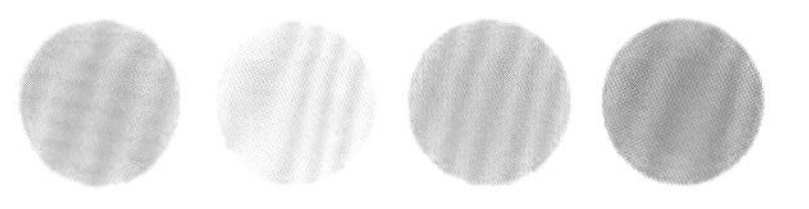

图4－15　经典艺术家作品③

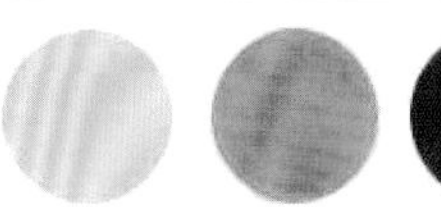

图4－16　经典艺术家作品④

评一评

针对上述所讲的在色彩企划时容易出现的问题，再重新为《慢生活》主题做一份色彩企划，完成后每个小组评选出一份优秀作品，并上台讲述。

项目达标记录

	优秀	良好	合格	需努力	自评	组评
任务一	5分	4分	3分	2分		
任务二	5分	4分	3分	2分		
总　分						

项目总结

	过程总结	活动反思
任务一		
任务二		

项目五

童装设计企划的面料设定

项目介绍

面料是童装设计企划的基础，面料的存在满足了童装的实用和审美两大基本功能，童装面料由于要适应不同于成人的体态特征与心理特点的特殊性，其面料的合理选用是满足童装功能性、实用性和美观性等这些需求的关键。这也是在接下来的任务中我们学习的主要目标。

任务一：认识童装面料企划

任务二：掌握童装面料企划的方法

项目五：童装设计企划的面料设定

项目实施

任务一 认识童装面料企划

1. 任务目标

在进行童装设计企划的实践操作中能合理运用面料素材表达设计风格。

2. 任务完成方法和评价方法

（1）分组：一组2人

（2）任务内容：收集不同类型的童装面料企划，从中提取出相同点。

（3）任务评价：小组间讨论并将结论整理出来，与小组成员之间交流。

试一试 做一份面料企划

从面料企划案例（图5-1、图5-2）中，我们可以大致了解到每一个案例都是由图片模块和文字模块组成的，可是每个案例的图片或者文字模块所涵盖的具体内容又不相同，试着找出每种模块下所包含的具体内容并填写到表5-1。

学一学 童装面料企划所需具备的关键要素

一份完整又具有实际指导意义的面料企划首先是图文并茂，这需要从众多的优秀企划案例中提取出相同点，如图5-1至5-7所示。通过观察、整理、分析上述企划案例，我们可以发现在图片部分我们需要具备的基本要点如下：

1. 面料图片

面料图片是面料企划的关键，面料图片质量的优劣直接影响接下来面料选择和采购的成败，要使面料企划图片具有实质的指导价值，成功达到设计的预想效果，需要面料图片具备以下要素：

① 贴合主题。童装面料企划中的图片不是随意从其他地方拿来的，而是要紧扣主题要求，延续主题意境在面料上的具体体现，切忌“图不对题”的设计内容。

② 紧跟潮流。面料图片须是面料流行机构最新发布的内容，或是从某一流行文化中提取出的最新素材，这样才能保证最终产品的流行性与时效性，参见图5-2至图5-7所示。

表5-1 童装面料企划调查表

童装面料企划调查表格						
面料企划	图片模块			文字模块		
1						
2						
3						
4						
5						

图5-1 童装面料企划案例（图片来源于WGSN）

图5-2　童装面料企划案例（图片来源于WGSN）

③ 高清且适量。面料图片的清晰度需要能够让面料选择和采购人员清晰辨认其纹理、色泽和花纹。数量上恰到好处的图片才能烘托出整体的设计氛围。

图5-3　童装面料企划案例（图片来源于WGSN）

④意境图片。由于面料的选择是在童装设计主题的指导下进行的，为了能使面料的图片尽量靠近主题要求，意境图片需处于面料企画版中心地位，有了意境图片后才能与所选对比，面料图片确认图片选择是否有偏差。

图5-4　童装面料企划案例（图片来源于WGSN）

2. 解析的文字

将所解析的图片等素材配以简短的词组以概括其中心内容、突出面料的表现方向。在图片和名称传达信息还不足够充分的情况下，往往会使用一小段的解说文字来表明面料企划者的理念和所追求的效果，以此来帮助童装面料企划的使用者更充分地理解并接受其中的内涵。

简介

同相融从接头文化汲取灵感，但保持全球视野。全球不同的城市、年代和文化融汇贯通，打造出多元化的混搭风纺织设计，亲切感十足。

WGSN童装面料趋势预测报告为设计师、开发者、制造商、纱线和纤维厂商提供关键指导，展示来自工作室、创意人士和制造商的独家样品，启发2018/2019秋冬的产品开发。

季节性信息

01　**都市风色彩和纹理启发工业设计潮流：** 熙熙攘攘的接头场景、锥形交通路标、围栏和沥青路面启发凸纹图案、图像针织、网眼面料及粗犷的都市风粗花呢

02　**现代怀旧格调引领复古而新颖的设计：** 文化怀旧别出心裁地将新旧元素融合。微型几何针织及印花工装布席卷市场

03　**全球风图案混搭是主流：** 全球风图案玩转比例和混搭，以新颖的方式诠释文化融合

同相融 · 2018/19秋冬

面料 & 纺织 > 未来趋势 > 2018/19秋冬　WGSN

图5-5　童装面料企划案例（图片来源于WGSN）

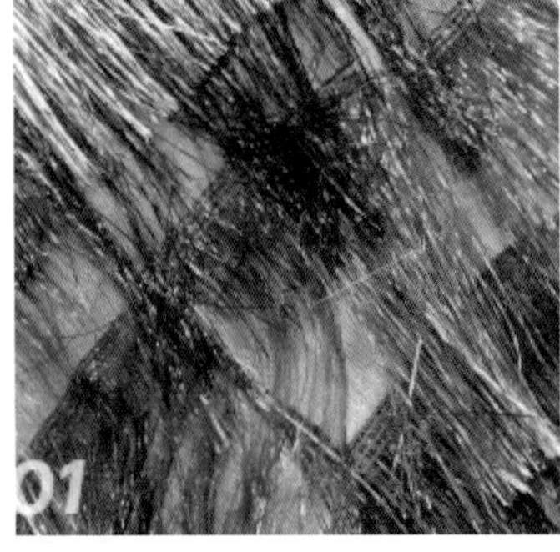

简介
幻梦影主题探索人与幻想和科技之间的关系，激发最狂野的创意和想象，带来强烈的感官刺激和愉悦情绪。设计尝试使用复杂配色、特殊面料和丰富配饰，服装仿佛和穿者同呼吸、共命运。
WGSN童装趋势预测报告为设计师、开发者、制造商、纱线和纤维厂商提供关键指导，并展示来自工作室、创意人士和制造商的独家样品，启发2018/2019秋冬的设计开发提供灵感。
季度关键词
01 别样触感：这一巧妙趋势注重不规则的材质混搭，采用睫毛线、凸起纹理和植绒效果
02 人工光泽装饰纹理面料，打造派对款型：暗金色、暗淡光泽和拷花天鹅绒强调黑暗与光明的交互。轮廓式的微妙变色面料带来朦胧外观
03 纷繁配饰：在星系类花纹和精密纺织技术中，亮片、彩色线条、散布的彩色卢勒克斯金属丝织物都是常用元素
01
02
03
幻梦影 · 2018/19秋冬
面料 & 纺织 > 未来趋势 > 2018/19秋冬
WGSN

图5-6 童装面料企划案例（图片来源于WGSN）

简介
哲思冥探索后工业世界。思想和智慧引领我们进入设计复兴的时代。传统面料经过现代工艺和技术翻新，产品营造出儒雅静谧的传统格调，灵感源自图书馆。
WGSN童装纺织面料趋势预测报告为设计师，开发者、制造商、纱线和纤维厂商提供关键指导，展示来自工作室、创意人士和制造商的独家样品，启发2018/2019秋冬的产品开发。
季节性信息
01 传统风格：纹理、绒毛或鳞片创新格纹，粗花昵和提花针织
02现代极简造型：简约功能性造型玩转实用的平纹布和毛毡面料，真丝和羊绒则继续启发婴儿装和家居服
03 图书馆启发书生气的图案和面料：新式费尔岛花纹的重复图案以凌乱堆放的书籍为灵感
01
02
03
哲思冥 · 2018/19秋冬
面料 & 纺织 > 未来趋势 > 2018/19秋冬

图5-7 童装面料企划案例（图片来源于WGSN）

找一找

再另外找出具备前文所提到的基本要素的面料企划方案，并在小组间展示说明。

任务二 掌握童装面料企划的方法

1. 任务目标

从优秀面料企划中寻找可应用于童装面料企划的方法，明确在正式制作面料企划时易出现的误区。

2. 任务完成

（1）分组：一组2人。

（2）任务内容：根据某一主题设计制作其下的童装面料企划。

（3）任务评价：小组间讨论并将结论整理出来，与小组成员讨论交流。

试一试 制作面料企划

模仿前一任务中的企划案例，小组合作制作出《慢生活》主题下的以面料为表达方式的童装面料企划。

学一学 优秀面料企划

对应优秀面料企划案例（图5-8、图5-9），总结出制作面料企划时容易出现的问题：

（1）对企划的主题思想表现有偏差。

我们在进行色彩主题选择时要注重对主题思想的充分把控，不能让作品成为无源之水、无本之木。同样，在进行童装面料企划时如果对企划的主题理解有偏差，必将影响整体童装企划的方向。那该如何避免这一情况的发生呢？可以从以下方面做起：

① 充分理解当前的主题内容。设计主题是对童装流行趋势、市场调研结果以及立足本企业的产品定位这三点的综合与提炼，要想深入了解主题背后的精神，如果单单理解主题的字面意思会过于单薄且不够全面，还需要了解文字背后的文章、与文字内容相关联的文化潮流。

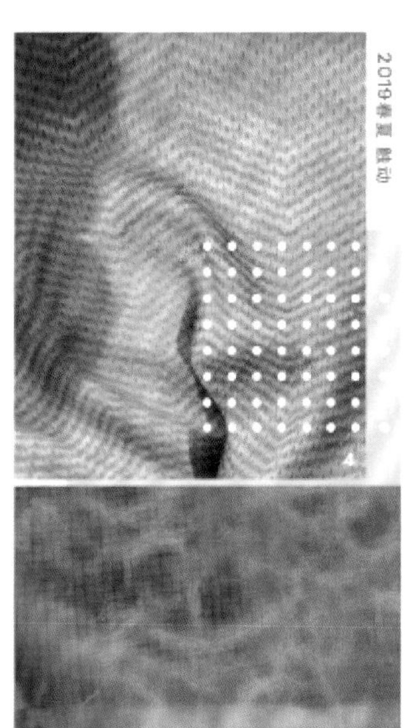

图5-8 面料企划（图片来源于WGSN）

图5-9　面料企划（图片来源于WGSN）

②充分理解面料的设计内涵与使用特点

越来越多的新型面料是面料开发者的艺术追求与精湛的技术水平融合的最终体现，如果我们对面料的设计思想都了解不清，那在对应主题去选择相关面料时也会束手无策。所以，多去面料展示场所考察体验和了解面料设计师的设计理念非常有必要。

（2）对不同阶段儿童的生理特点考虑不周全，面料选择合理性过低。

与成人装相比，童装有很大的特殊性，主要表现在童装要满足儿童不断生长的特点，还要满足不同年龄阶段所需要的安全性、舒适性、实用性

年龄	身高	T恤衣长	春秋外套长	冬季外套长	长裤长度	短裤长度	长大衣长度	连衣裙长
0.5~1岁	70	28	30	32	42	17	39	42
1~2岁	80	32	34	37	48	19	45	48
2~3岁	90	36	38	41	54	22	51	54
3~4岁	100	40	43	46	60	24	56	60
4~5岁	110	44	47	50	66	27	62	66
6~7岁	120	48	51	55	72	29	67	72
8~9岁	130	52	55	60	78	31	73	78
10~11岁	140	56	60	64	84	34	79	84
12~13岁	150	60	64	69	90	36	84	90
14~15岁	160	64	68	73	96	39	90	96

图5-10　童装中不同年龄阶段的衣长与裤长

和经济性，如图5-10至图5-11所示，这样就对面料的企划者提出了较高的要求。

这需要设计师在进行面料选择时要首先明确设计对象是处于儿童期的哪一阶段。比如，我们要为一岁之前的婴儿设计服装，那就要先明确这一时期婴儿的典型生理特点，如缺乏体温调节能力、易出汗、排泄次数多、皮肤娇嫩等特殊要求，因此对应婴儿服的面料选择必须十分重视卫生与保护功能，面料应选择柔软透气，具有良好的伸缩性、吸湿性、保暖性的织物。如柔软的超细纤维织成的高支纱的精纺面料和可伸缩的高弹面料。

（3）对有关面料的基本专业知识掌握不扎实。

这主要体现在对面料的基本性能和使用特点等专业知识掌握的不牢固，使得很难与款式设计形成合理的搭配，这需要我们全面掌握面料的基本知识，如图5-12、图5-13所示。

图5-11　婴幼儿面料

图5-12　天然纤维面料和化学纤维面料（图片来源于WGSN）

针织羊绒、真丝或竹制成分是这一柔和的家居服主题的主打面料，营造静谧的冥想格调。
应用：连身裤、单件服装、运动衫、长裤、配饰
家居服
面料 & 纺织 > 未来趋势 > 2018/19秋冬
WGSN

图5-13 天然纤维面料和化学纤维面料（图片来源于WGSN）

比如面料分为天然纤维面料和化学纤维面料，天然纤维面料主要包括棉、麻、丝、毛以及裘、革六大类，其在吸湿、透气等舒适性方面的表现俱佳，再加上近些年盛行的自然生态、保护环境的潮流，天然纤维面料更加具有化学纤维所难以比拟的优势。

面料中的另一大类是化学纤维面料，虽然现阶段化学纤维面料在生态环保方面不及天然纤维面料，但是随着生产加工技术的进步，其在环保以及质感和舒适性方面正在不断向天然纤维面料靠拢，同时由于其原料易获得且成本较低，使得化学纤维面料在价格上更占有市场优势。

化学纤维面料主要包括再生纤维面料和合成纤维面料。前者主要有黏胶纤维、再生蛋白质纤维等，其性能较接近天然纤维面料；后者主要是涤纶、腈纶、锦纶、氨纶、维纶、丙纶、氯纶等，其特点是在视觉上仿天然纤维面料的外观特征，但在手感、透气、吸湿、防起球、防静电等方面还存在着较大的技术提升空间。

除了了解面料的专业知识外，还需了解面料使用常识，比如柔软、吸湿又透气的面料适应做童装的贴身衣料，而硬挺、厚实、耐磨、坚固的面料多用来做童装的外衣，不同特性的面料需根据实际情况灵活应用。

练一练

根据所学知识点，选定一个童装品牌，为其做出下一季的面料企划方案。

项目达标记录

	优秀	良好	合格	需努力	自评	组评
任务一	5分	4分	3分	2分		
任务二	5分	4分	3分	2分		
总分						

项目总结

	过程总结	活动反思
任务一		
任务二		

项目六

童装设计企划的款式设定

项目介绍

童装的款式设计企划与前文中的主题设计企划、色彩设计企划与面料设计企划一脉相承，主题企划就像树根，色彩设计企划、款式设计企划和面料设计企划就是在主题养分的供给下不断生长的枝干。形象上来讲，款式就是赋予主题、色彩和面料以具体的型，这个型的存在至关重要，只有款式造型的存在，完美的色彩和优质的面料才能具有表现价值，服装实用性、功能性与审美性才能实现，要想掌握童装款式企划的方法，需从完成以下任务开始：

任务一：认识童装款式设计企划

任务二：掌握童装款式设计方法

项目六：童装设计企划的款式设定

项目实施

任务一 认识童装款式设计企划

1. 任务目标

由于童装款式设计企划所具有的举足轻重的地位，对于其所包含的中心思想和基本内容将是本任务内容的主要目标。

2. 任务完成方法和评价方法

（1）分组：一组2人。

（2）任务内容：在优秀的童装款式设计企划作品中找出所包含的共同点，并分析其重要性。

（3）任务评价：将总结出的共同点用图表方式呈现，并分组讲解。

想一想　什么是童装款式设计企划

在各种形式的童装款式设计企划中，通过观察对比（图6-1、图6-2），找到所包含的共同特征。

褶皱细节上衣

#Ruffles荷叶边是2021春夏的关键造型，在我们的2021春夏至真趋势概念中有所提及。大胆采用手工风格褶皱工艺来呈现匠艺和历史感基调。

重点打造在近期的展会和T台上屡见不鲜的高领和褶皱衣领细节，可参考范例古典品牌Louisiella。

图6-1　童装款式设计企划（图片来源于WGSN）

款式图全观

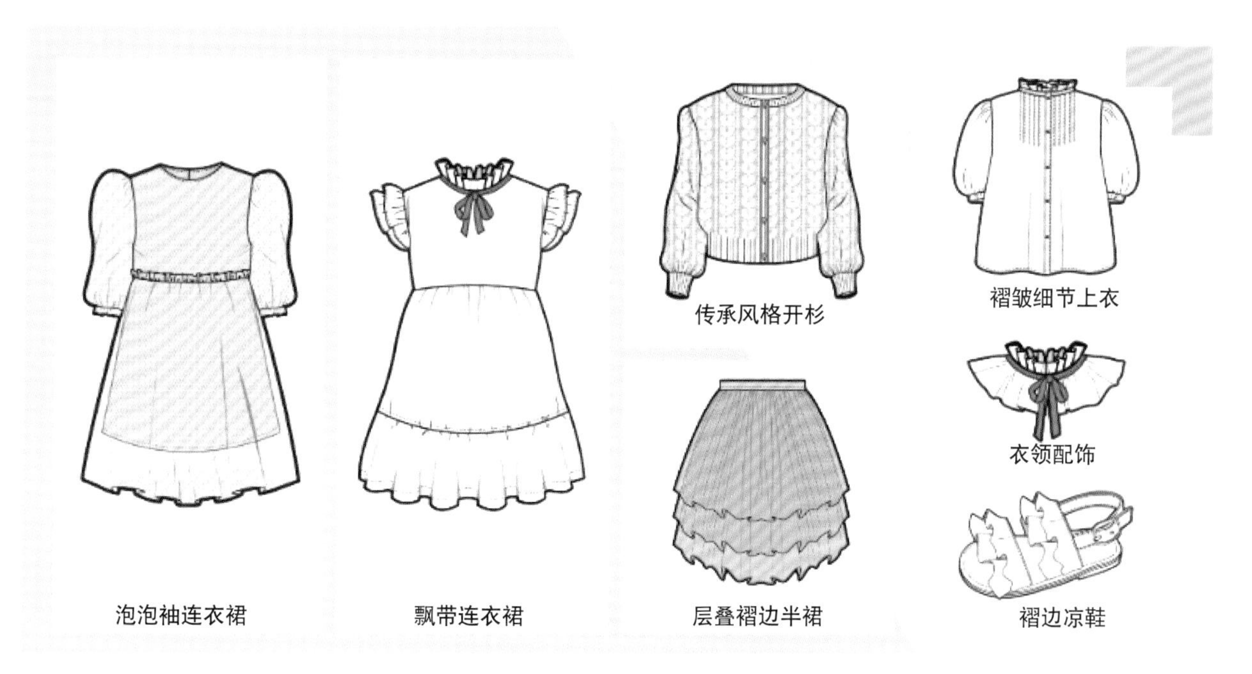

图6–2　童装款式设计企划（图片来源于WGSN）

学一学　童装款式设计企划的中心思想

所谓中心思想必是统领设计行为的总思路，这一思路主要包含下述三点内容才能保证款式设计的质量，获得市场与消费者的认可。

1. 本品牌文化的基本情况

这主要指的是童装设计师要对本企业的产品层次和生产能力进行全方位了解，深入理解并认同本企业的企业文化，只有了解这些之后的童装设计才能实现延续企业产品风格、宣传企业文化、为企业树立良好形象的更高层次目标。

2. 了解消费者的需求

作为童装设计师需要明白童装产品最终是要让消费者购买，对消费者购买点的准确把握就决定着产品是否能获得市场的认可。首先，要关注消费者心理，如近些年来生态环境危机频发，使人们愈发重视对环境的保护、也带来了渴望回归自然的心态，在这一背景下，消费者在进行选购物品时会倾向于选择生态环保返璞归真意味的产品，如图6–3所示。设计师在进行产品设计时就需要多观察消费者的购买行为倾向，深入思考，并及时在设计作品中做出回应。

图6–3　环保概念产品（图片来源于WGSN）

分析

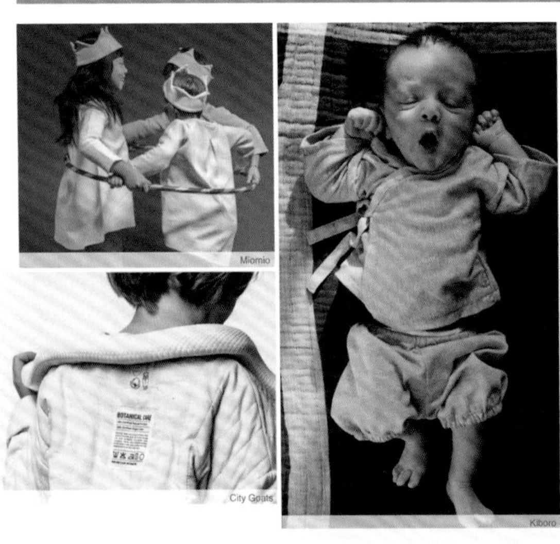

可持续的时尚契合无季节和中性的穿衣风格趋势。品牌围绕可持续性的话题增加了关注度，将重点放在有机材料上，从生产到分销。
通过回收或再利用材料、染料和水来减少废物。从Pitti Bimbo到Bubble London、CIFF和Playtime Paris等展会都凸显了令人兴奋的设计和发展机会。

WGSN

图6-4　未来主题的童装设计（图片来源于WGSN）

童装 > 女孩 > 所有女孩

WGSN

图6-5　街头主题的童装设计（图片来源于WGSN）

3. 对已确定的设计主题的深度理解

设计主题是未来童装产品将要体现出来的整体风貌，这要求设计师在进行设计的每个环节前都要将其内化于心，外化于童装款式的每个廓型、每条线、每个细节之中，如图6-4至6-5所示。

析一析　童装款式设计企划的基本内容

从专业角度来看，童装款式设计企划需具备以下三点基本内容：

1. 不同款式的配比

这需要综合各相关部门所反馈的销售数据信息，包括目标顾客的消费需求、流行款式、当地的气候特点等，经过企划团队的交流与讨论，得出待开发的基本款式以及每款的数量，其中的数字需具体到款式的每个小类，如图6-6所示。这样在保证款式丰富的前提下，确保风格的稳定性。

2.童装款式图

在确定好款式开发比例后接下来需要着手将

09 KIDS F/W 巴布狗

09华美律动系列

开发款式比例

081021

上下装配比　3：1

类别＼款式		针织											编织					梭织													配饰					
		开衫	套衫	长袖恤	套装	长裤	背心裙						开衫	低领套衫	高领套衫	背心		长袖衬衫	背心	外套	毛披肩	铺棉风衣	棉衣	羽绒服（中长）	长裤	牛仔裤	半腰裙	夹裤（牛仔\涤料）			帽子	围巾	手套			
女童 32款	秋 21	1	1	2	1	1	1					8	1	3	2		6	1		2					2	2	1			18	2	2	1	1		
	冬 11			1															1		1	2	3	1				2								
男童 24款	秋 17		1	1	1	1						6	1	2	1		4	2	1	2					3	1				14	1	1				
	冬 7	1	1																				3	1				1								

● 女童占系列比：57%　　女童秋装占女童款比：65.6%

男童占系列比：43%　　男童秋装占男童款比：70.8%

09F/W

图6–6　开发款式比例

每个款式用设计图的方式表现出来，表现形式一般有手绘和电脑绘制两种，如图6–7所示。无论采用哪种表现手法都要紧紧围绕童装企划主题、色彩、面料素材进行，另外还需在将前面所提及的内外因素蕴含其中。

款图全观

连帽针织 & 梭织夹克

网面棒球帽

弧形下摆图像T恤

图像运动衫

两件套短裤套装

拼接式懒人运动鞋

塑料饰边连体服

超大连帽网面连衣裙

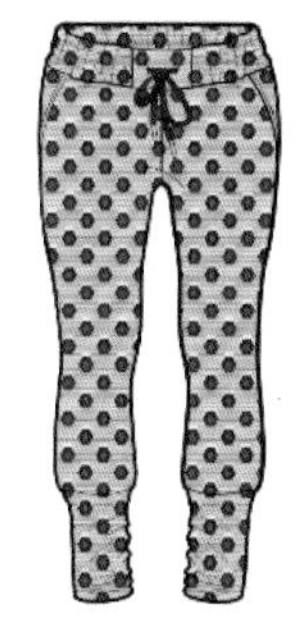

修身印花针织长裤

童装 > 女孩 > 所有女孩

WGSN

图6–7　童装款式图（图片来源于WGSN）

3.款式效果图

款式效果图的体现是为了帮助款式企划的使用者感受由前面已经确定的主题、色彩、面料以及款式相结合所形成的最终穿着效果。如图6–8、图6–9所示。

练一练

找出五个具备上述款式设计企划基本内容，且在款式设计上与企划中的主题、色彩、面料相呼应的企划案例。

飘带连衣裙

吸睛的飘带以黑色打造时能够呈现出#neovictoriana新维多利亚风格调。不妨重点关注流行的褶皱衣领设计，并在脖颈处添加柔美的飘带领巾，强调出历史感基调。

五倍子和西米色等深褐色调中性色衬托出古典主题。可采用裸色调精致绢纱和绸缎来强调这一浪漫的造型。夸张的#furnishingflorals家装花朵为礼服造型增添强视觉色彩。

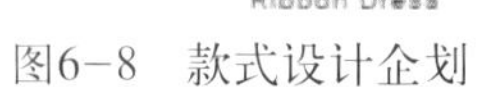

图6–8　款式设计企划

泡泡袖连衣裙

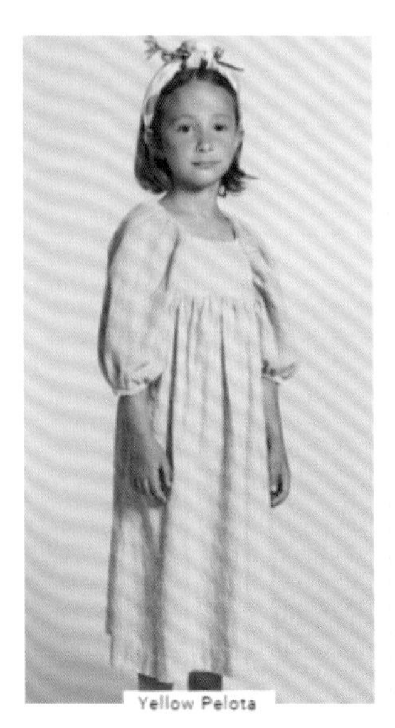

与从女装中延伸下来的#neovictoriana新维多利亚风趋势相契合。女童装：2021春夏关键时尚单品报告中也提及了泡泡袖连衣裙。

采用娴静而隆重的7分袖设计，并在肩部打造出丰盈的量感。

为流行的田园造型增添历史风格，参见Velveteen。蕾丝和软网盖层，以及褶皱领线打造出一种甜美的怀旧气质，将商业化造型升级为维多利亚造型。

图6–9　款式效果图

任务二 掌握童装款式设计方法

1. 任务目标

在此项目任务中需将前文中收集并分类整理的各类素材通过设计转化手法变化应用在童装款式的设计内容之中，这也是整个企划中最为关键的一步。

2. 任务完成方法和评价方法

（1）分组：一组2人。

（2）任务内容：在《慢生活》主题、色彩、面料、款式类别与数量要求上设计生成不同的款式内容。

（3）任务评价：将所绘款式按照主题内容进行排版并在小组间评价。

试一试 假如你是设计师……

根据现有的各类素材你打算如何设计出既符合大众审美又有创新性的童装？在设计时是否遇到“瓶颈”无法进行下去？

DARK WONDER

[幻梦影]

2018/19秋冬

幻梦影主题混搭暗淡深色和炫目亮色来体现夸张对比。除了银河绿、神秘紫和流星蓝等趋向黑色的深色调，醒目的黑客红和及其金属版本也让调色盘更加完整。昏暗淡紫色、水晶蓝和煤烟灰等粉蜡色彩充满沉稳安宁气质，且多与核能黄和日晕色等充满力量的醒目色彩搭配。这类强调色才既可以用作点缀，也可以打造色块拼接视效。

童装 > 婴幼儿 > 所有婴幼儿

简介

幻梦影趋势深谱创新科技对时光的影响，扩增创造无数可能，令不同寻常的风格得到了更广泛的认可，也让我们可以在这个时代自定义身份、推崇更包容的性别理念，以改张扬个性。该趋势从科幻、逃避主义以及深奥未知世界中获取灵感。

季节性信息

01 奇幻飘渺的气氛：幻梦影想象力呈现出三个汇合的世界，打造银河绚景及纹理之花。

02 柔和金属色：应季的金属光泽和纹理打造出梦幻和未来的视觉感受。

03 性别理念不断变化：设计师不断重复灵活的性别理念。从而打造出具包容性的中性风格。

04 奢侈品被赋予暗黑巴洛克格调：华丽的针织面料和光泽纤维的点缀下呈现出奢华的巴洛克风格。

图6-10 优秀企划设计案例（图片来源于WGSN）

记一记　款式内容的具体表达

在确定基本款式类型及数量后，接下来便可以在基本款式上进行相应的调整，以延续上一季的设计风格，增加童装设计的创新性与设计层次的丰富度。具体来说，可以主要从以下两个方面进行变化：

1. 局部外形的变化

保留基本造型形态，在袖型、领型、门襟、下摆等处糅合进企划核心素材的某一形态结构。如在“海洋”主题中，可运用水母的形态特点为下摆加入飘坠的条带或将袖型改变为不规则的蓬松状。

2. 整体色彩的变化

将色彩企划中确定的素材进行色块提取分析比例，把品牌基础色调与之有机组合，形成既有流行色的体现又有自身品牌印迹的创新色彩组合。

学一学　如何避过款式设计中所出现的“雷区”

以下是在款式设计中容易出现的问题，你也来对照一下看是否曾经也踩过类似的“雷区”呢?

一．有关款式设计中存在的形式问题

1. 款式图比例失调

款式图比例失调指的是所绘款式图各部位之间比例不协调，如肩部过窄、过宽，或裤长不符合儿童年龄特征等问题，一般初学者易出现此类问题。解决方法是：在进行款式图绘制时应注意“从整体到局部”的原则，先把握童装的外形与主要部位之间的比例，如肩宽与衣身长度之比、裤子的腰宽和衣身长度之比、领口和肩宽之比等这些比例要先确认好，再进行局部与局部、局部与整体之间的比例绘制。

2.款式不对称

对称的款式会给我们带来一种整齐的秩序美，在本应对称的款式中运用不对称容易误导按照此款式图进行打版的工作人员，给工作人员之间的沟通带来不必要的麻烦。

3.款式细节交代不清楚

款式细节的刻画能使整体的款式图具有疏密有致的节奏感，在绘制款式图的过程中一定要耐心刻画细节，如果画面太小受限，可以用局部放大的方法来表明服装的细节，也可以用文字说明的方式为款式图添加标注或说明。

二．有关款式设计中存在的内容上的问题

1. 款式表达不切题

这一情况的出现主要是由于设计师对主题素材的运用不够灵活造成的，要想与主题紧密呼应，还需要设计师反复回顾主题形成的过程，从而对主题风格有清晰的认知，这样才能在设计中自然表达出主题的中心思想。

2. 款式创新性不足

款式的创新与否直接关系着对消费者的吸引力的强弱，如今的消费者更多倾向于为设计师的创意买单，如果没有新颖独特的内容就很难吸引到消费者的注意力。那该如何提高创新能力呢?这需要设计师常年累月地对优秀作品的学习和积累，如图6-10至图6-13所示，以此来提升自身的专业经验与技能。

款图全观

图6-11　优秀企划设计案例（图片来源于WGSN）

图6-12　优秀企划设计案例（图片来源于WGSN）

艺术家背带裤

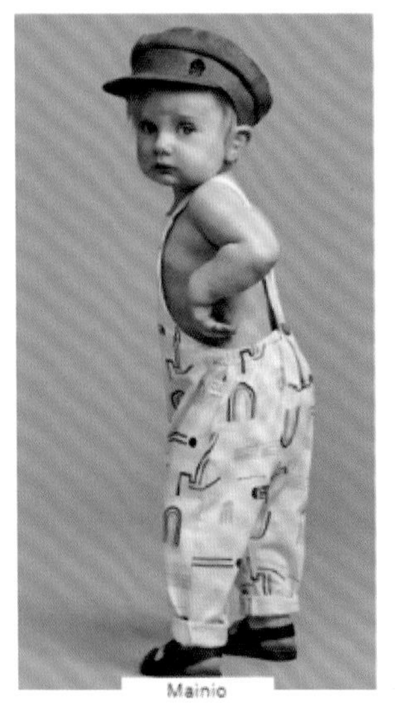

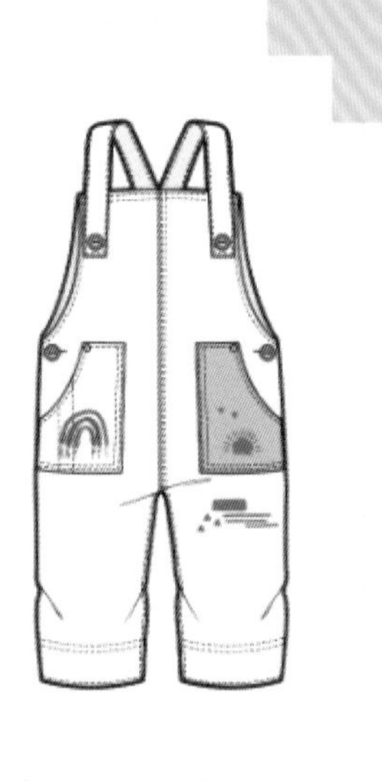

自然或未漂原色帆布质地以及浮雕等传统艺术工艺套染更新经典背带裤款型。
在持久耐用单品上应用厚实自然木纹纽扣和醒目明缝。俏皮口袋采用色彩或面料对比，为边角料或底料再利用提供了机会。

图6-13　优秀企划设计案例（图片来源于WGSN）

知识加油站

提高款式设计能力技巧——掌握形式美原理、形式美法则

当我们在进行色彩设计或者款式创作时很多时候会遇到一个瓶颈：该如何让作品符合大众的审美，躲避“丑”的宿命？这需要我们去了解什么是形式美？简言之，就是当看到有统一感、有秩序的物体时心理所产生的一种舒适感，相反，杂乱无章就是不符合形式美的，是难以被大众接受的。德国心理学家将其具体归纳为以下内容：

1. 反复和交替

在进行安排设计点时，同一设计点出现两次以上就形成了“反复”的美学现象，让两种以上的设计点轮流反复出现时这就叫做“交替”，在童装上，反复和交替是设计中常用的手段，如图6-14所示同形同质的设计点用在不同部位出现，反复出现会产生秩序和统一的美感。但是需要注意的是，过多的使用形和质相差大的形态元素和色彩元素，易造成不协调的杂乱效果，太多内容集中在一个系列设计中，这易让整体设计失去重点，没有中心，也不统一，如同变成了个“杂货铺”。

图6-14　条纹元素（图片来源于WGSN）

2. 节奏（律动）

节奏也叫律动或者韵律，是来自音乐上的词汇，在童装中，相同的形态要素如纽扣、褶裥这样

的部件反复和并列表现时所产生的有规律的运动感，这种运动感会随着相同部件之间间隔的变化产生不同的节奏，如同音乐旋律一般给人以舒适欢快的观感。但要注意间隔的变化不宜过小和过大，过小就无法连贯，过大易混乱。

细心观察大自然中的一草一木，你会发现，植物节、枝的生长，岩石的脉络，动物的花纹都存在着不同的节奏美感。

3.渐变

渐变是节奏（律动）这一形式原理的一种表现方式，具体指某一设计要素在状态和性质上按照逐级增加或者减少的顺序发生有序的变化，当这个变化保持着统一性和秩序性时，就表现出美的效果。

4. 比例

比例是审美中重要的准则，部分与部分、整体与部分的数量关系，也就是通过大和小、长和短、轻和重等质与量的差所产生的平衡感，这个关系处于平衡状态时，就会有美的效果产生。关于这个比例关系取什么样的值为美，自古以来，研究者的立场不同，所得的结论也不一样，常用有根矩形和黄金分割两种比例方法（图6-15）。

5. 对称

对称包括三种情况：

（1）就是一条直线两侧形状的数量、位置和大小均相同，相互面对面地配置时叫做“左右对称”或“单纯对称”，这种对称形式具有规则的、庄严的、严肃的、权威的、神圣的美感，但也易显得呆板和拘谨，如图6-16所示。

（2）在平行四边形内，对角线两侧的图形以对角线的交点为圆心，旋转180度，就可以和原来的图形重合，这叫“放射对称”或“旋转对称”。万字纹和太极图都是放射对称的例子，这种对称方式克服了“左右对称”的呆板与拘谨，更具变化感同时又不失稳重，如图5-17所示。

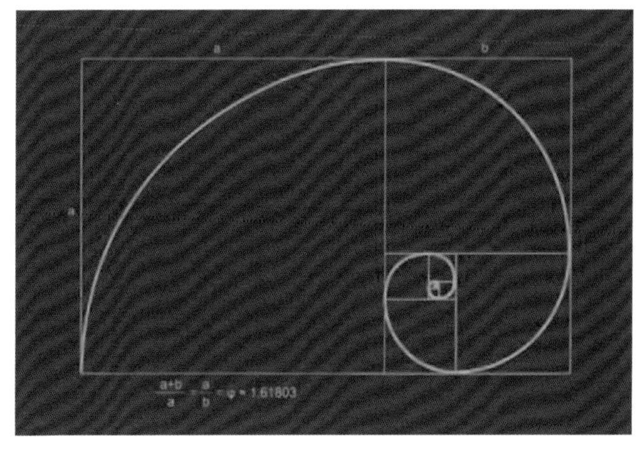

图6-15 比例之美（图片来源于WGSN）

图6-16 左右对称

图6-17 放射对称（图片来源于WGSN）

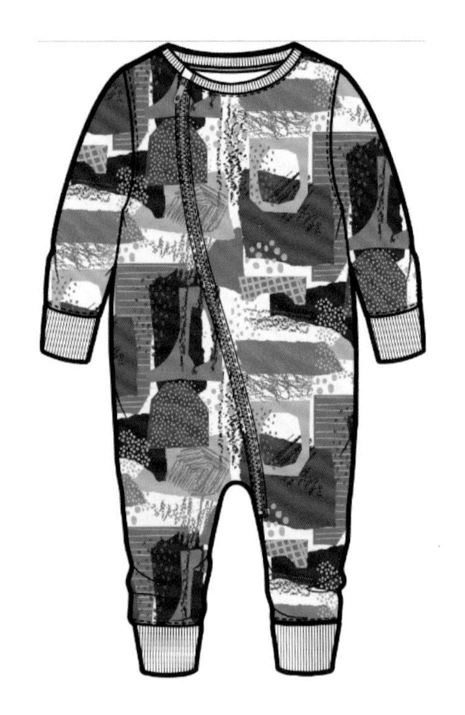

图6-18　平行移动对称（图片来源于WGSN）

图6-19　色彩对比（图片来源于WGSN）

（3）第三种是像足迹那样，在直线上以一定的间隔，上下左右地移动下去，称为“平行移动对称”。这种对称同样克服了“左右对称”的拘谨感，带有亲切柔和的心理感受，如图6-18所示。

6. 平衡

两个以上的要素，相互取得均衡的状态叫做平衡。在力学上，平衡指的是重量关系，但在设计中，则指的是感觉上的大小、轻重、明暗以及质感等的均衡状态。

平衡可分为正平衡和负平衡，前者指的是对称的平衡，后者讲的是非对称的平衡状态。正平衡有一种安定的、稳重的感觉，如埃及的金字塔。负平衡则有一种不安定的动态感，在童装上多采用左右或上下非对称的负平衡形态表现儿童活泼动、可爱的特点。

7. 对比

色彩、明暗、形状、质感等的量及质相反，或者不同的要素排列在一起，就形成了对比。当两个设计要素互为对比，两者的区别更加突出，冲突更加明显，产生强烈的刺激。如图6-19所示如直线与曲线、红与紫、宽与窄这些差异较大的组合，就比单独存在时更加强调了各自的特性。

但是需要注意的是，如果在童装中对比手法运用过多就会缺乏统一感，减弱设计主题的表现效果，所以要在确定好整体氛围的前提下追求对比的变化，以及充分把握支配与从属的关系。

8. 调和

几个要素之间无论在质上还是在量上都保持着一种秩序和统一，使人获得一种心理上的愉悦感，这种状态叫做调和。调和也是一种秩序感，为了营造这种秩序感，就要有效地利用上述的其他美学原理，即反复、比例、节奏、平衡等。

在童装设计中，所用最多的是形态的调和，如以方的形态为基调，那衣领、衣袖、下摆、开襟、口袋等处就要表现出“方”的感觉，以达到整体性质的统一，但是又不可过分用同一要素，否则会导致单调乏味。

项目达标记录

	优秀	良好	合格	需努力	自评	组评
任务一	5分	4分	3分	2分		
任务二	5分	4分	3分	2分		
总　分						

项目总结

	过程总结	活动反思
任务一		
任务二		

参考文献

[1] 李成钢.新澳：由传统到时尚的转型升级[J].企业管理.2016（8）.

[2] 魏统俊.论运动服装的发展历程与设计走向[J].浙江体育科学.2010（3）.

[3] 蒋敏.时尚品牌[D].上海：同济大学，2008.

[4] 刘瑶.服装设计的灵感来源与创意[J].西部皮革.2017（24）.

[5] 2019春夏男装面料趋势预测：触动[E].WGSN，2018.

[6] 贾婷婷.童装的安全性设计研究[D].无锡：江南大学2009.

[7] 杨梅.服装面料再造中的立体布纹设计思路[J].安徽电子信息职业技术学院学报，2017（2）.

[8] 孙相宁.服装审美探微[D].吉林，吉林大学，2005.